眼淚的重量

聽23位送行者說他們看到的人生故事

楊敏昇／著

推薦序

致「施無畏者」——菩薩行人

死亡，不免伴隨著衰朽，帶來殘破、臭穢與醜惡的感官衝擊。而各民族對「死後世界」的描述，又經常附加上幽暗、審判、酷刑的畫面，於是尾隨死亡而來的，不僅是哀傷與失落，還伴隨著深切的恐懼。

筆者尚幸於青年時代開始學佛，從佛法對死亡的詮釋，以及佛經對死後世界的描述，看到了死亡的意義與死後的曙光！

——生命的終點，迎來的是下一期新生命的起點。

——死後世界未必是令人怖畏的陰曹地府，也可以是充滿光明與喜樂的淨土，或是充滿挑戰與機會的人間。

——更有徹底擺脫生死輪迴的修道途徑，可以達致生命的圓滿正覺與究竟涅槃。

即使理解及此，但伴隨死亡而來的殘破、臭穢與醜惡，直接產生視、聽、嗅覺的強烈感官衝擊，依然讓人感到無比窒息。這使筆者不免好奇，面對如上強大的感官衝擊與濃烈的哀傷氣場，那些長年身處於殯葬場域的送行者，是如何「降伏其心，安住其心」的？

直到多年前，於系上與同仁們進行課程改革，為了學生的職涯考量，我們從「宗教文化」與「生命教育」的角度，在學士班規劃了一系列「禮儀文化」相關課程。同時，亦禮請在台灣夙負盛名的「遺體修復」先驅楊敏昇法醫，組成精采的教師團隊，因此有幸與幾位業界傑出的「送行者」成為同仁。我們定期召開教師社群會議，這就有了一次次互動與深談的機會，也真切感受到了「送行者」這份職業的美好與莊嚴。

蒙敏昇老師之邀，有幸於本書付梓之前拜讀本書。此中每位受訪的送行者，無論是分享他們在殯葬場域的生命觀察，還是憶述他們本身的生命故事，都讓我產生歡喜、感動之情。筆者在他們身上，找到了前述問題的明確答案。

他們之所以能於一般人避之惟恐不及的情境中「降伏其心，安住其心」，原因在於「悲天憫人」的情懷。他們不只是亡靈的送行者，對憂傷無助的亡者家屬而言，他們更是不可或缺的陪伴者。他們宛若一群生命閉幕式上的「魔術師」，將殘破、臭穢、醜惡的傷感情境，轉化為圓滿、清香、美好莊嚴且充滿祝福的清淨場域。他們運用實質有效的行動，撫慰了無數哀傷悲苦的心靈。

因茲書序，對本書受訪者與眾多悲天憫人的送行者，聊表自己的高度敬意與謝意——在生命殞落的幽暗谷底，你們點燃起一盞盞照亮前路的明燈。你們是一群「施無畏者」——菩薩行人！

二〇二一年六月三十日凌晨

釋昭慧
（玄奘大學宗教與文化學系教授）

Contents

眼淚的重量

受訪人：劉素英／南華大學兼任教授／前臺北市殯葬管理處化妝師

進入殯葬業，因為安靜

「張伯伯，有沒有工作機會？我想去上班！」

三十出頭的劉素英，原先在紡織廠從事緹花設計，結婚懷孕後辭去工作，在家有一搭沒一搭地接設計案。孩子唸幼兒園後，一個人在家實在太無聊，於是便想重回職場。

張伯伯告訴她：「有一個化妝師的工作，妳願不願意做？」

張伯伯是劉素英父親軍中的同事，當時在第二殯儀館當館長，劉素英抱著姑且一看的心情，答應了張伯伯。

一踏進二殯，幾具剛處理好的大體就躺在床上，上頭罩著紗，四周安靜得讓劉素英感到平和，沒有恐懼。

「沒想像中那麼恐怖，我自己個性比較安靜，剛好我服務的對象也沒有聲音。」

劉素英前後到二殯參觀了兩次，越來越覺得這裡的環境很適合自己，因此向館長表達願意「試試看」。

就這一句「試試看」，她筆直地往前走，看盡悲歡離合。

「剛開始做這行時，很多人並不看好我。」劉素英略帶靦腆地說。

三十年前，殯葬業有許多黑道幫派經營，或是由抽煙嚼檳榔的「那些人」經營，素質良莠不齊。且社會民風敬畏死亡、不敢談論，對殯葬業的想像淺薄得像蓋住真相的紗，只剩神祕與故弄玄虛。用不著說，替大體化妝更是一種低下的職業。

一個秀氣纖細、學歷中上的年輕女孩，怎麼可能願意踏入「這種行業」？當時所有同事都在打賭這個小姐可以做多久。

很幸運地，劉素英有家人支持，也從不避諱介紹自己的職業。

「我覺得死亡這件事很自然。當然，大家不想來殯儀館，但每個人最後都得來，這是你最終的目的地。」她說。

替大體化妝也是美的表現！

上班第一天，劉素英第一個案子就遇到全身浮腫、臉色灰黑的男性流水屍。一接觸到大體，她憑直覺的「憨膽」瞬間消失。

「因為那個味道真的很難聞！」她被刺鼻的臭味燻得不知所措，將大體處理乾淨、頭髮梳一梳便往外衝，把胃裡能吐的東西一傾而盡。

剛入行沒有前輩帶領，從大體洗身、穿衣、化妝到遺體修復，全都是做中學、做中摸索。

「我對美的事物很感興趣，替大體化妝也是美的表現啊！」她甚至還將家裡用剩的化妝品全部帶來試驗，想研究出最適合大體的化妝品牌。

劉素英執業多年，在大體妝感方面，從一開始要求零瑕疵的厚重妝感，到現在主張自然。

像是回答時間給的考題般，這樣的改變是慢慢體會出來的。

「後來我覺得瑕疵也是一種美。譬如像我們臉上的黑斑，不一定要全部遮蓋，尤其殯儀館往生者以長者居多，『自然』是最符合他們年紀的妝容。」

對於幼齡往生者，她也盡量保持孩子的原貌，除非大體已起變化，否則純潔該是孩子們最初與最終的模樣。

面對亡者，無論祂們選擇如何離開，或沒有選擇就離世，劉素英向來都一視同仁。

「不管祂是自殺還是怎麼樣，我覺得應該讓走的人跟活著的人都沒有罣礙，這件事情才算圓滿。所以對我來講，如果可以的話，我都願意處理。」她說。

赴美受訓，從洗被單開始

「那個機會其實蠻難得的，是處長去爭取的。」

在二殯工作十年左右，劉素英得到赴美受訓的機會。儘管單位只贊助機票，但那個年代能到海外學習非常難得，因此即使自費，她還是堅持前往，與同事兩個人一起赴美受訓。

那時美國正值聖誕假期，街上過節氣氛濃厚，但劉素英卻沒能放鬆。

「剛到那裡，人生地不熟，我英文已經很破了，我同事更破，很多事情都得由我張羅，壓力很大。」

兩人安頓好吃住與交通，就到遺體中心報到。即使是聖誕假期，遺體中心還是照常運作，因為死亡隨時發生。

剛到遺體中心，劉素英就能感受到他們對外來者的防備。

「我覺得不管中外，遺體處理這一塊都是比較神祕的，他們不是那麼放心地接納你。」

為了見習美國先進的防腐技術，劉素英除了每天和他們一起處理大體工作，還加碼洗被單、折被單，包辦一切雜事，把自己當學徒，等待他們敞開心房，得到學習新技術的機會。

苦幹實幹過了一週後，中心人員終於認可她的努力，允許她一起進入殮房，見習遺體防腐技術。

美國的防腐技術讓劉素英大開眼界，防腐劑會針對不同膚色、不同死亡原因、不同疾病而研發。

「所以他們的防腐打下去，臉色馬上就會變得非常紅潤，膚色也會變好，膚質還是軟的。」劉素英驚喜地說。

而當年台灣的防腐劑是福美林，不僅不環保，還會造成土地汙染。美國因為土葬的比例偏高，防腐劑幾乎都是低汙染、會溶解於大地的成分。

令劉素英驚喜的，還有美國的遺體化妝品。台灣當時還在以畫人體的化妝品為大體上妝，但美國早已針對大體狀況研發出專屬化妝品，蠟跟油的成分多，以防止脫妝。

在美國的收穫，使劉素英一回國便積極爭取購買遺體化妝品，提升大體妝容的質感。

意外遭起訴，心灰意冷

「其實，我自己有一個經驗，是為了採購化妝品……」劉素英緩緩說出五年前，遭到起訴的事。

當時媒體報導這件案子的標題聳動：「鄧麗君最後妝師 涉瀆職遭起訴」，報導上提到劉素英被檢舉洩漏遺體用化妝品標案內容給特定業者，遭到檢調查辦起訴，也順勢簡介她替多少名人化過妝。

冠上頭銜再安罪名，是媒體把素人推向大眾的一貫手法，但其實她的初心簡單，只是想在把持遺體化妝品品質的前提下，以最少的成本購買最多的量。而當時全台只有一間廠商獨家代理該品牌化妝品，劉素英說：「因為他獨家代理，我當然找他啊！」

檢調大動作到代理商家裡搜查，想找出劉素英圖利的證據，結果風聲大雨點小，查了幾個月一無所獲。

「我沒圖利廠商，他們也沒給我東西，大家純粹基於對工作的熱忱而互相幫忙。」無償幫助劉素英的律師認為，這件案子能夠繼續打官司、討回清白，但她已心灰意冷，無奈地表示：「反正就是罰我錢，我覺得同事之間捅來捅去，有什麼意義？」

最後她選擇認罪協商，當初的一片赤誠之心也被澆熄了大半。

移靈走廊的眼淚

「我的哭點很低，一些小事就很容易觸動我。」

早期劉素英的辦公室對面就是化妝工作間，大體移靈都會經過辦公室前的走廊。移靈時，家屬哭天喊地，她也會不自覺地跟著難過流淚。

日子久了，她開始習慣禮儀師手中搖動的鈴聲，家屬乖乖遵守ＳＯＰ，何時該跪下，何時要哭喊，精準地把傷痛「交出去」。

儀式把悲傷程序化，對她來說，走廊上的離別變得不真實，直到切身感受死亡的距離，劉素英才懂走廊上的眼淚是怎麼一回事。

職涯最悲慟的一天，劉素英至今還能感覺當時潮濕、沉甸甸的心情。

當年從待化妝名單上看見「郭若男」這個名字、忐忑不安地拉開冰櫃，熟悉卻沒有血色的若男緊緊地闔眼，劉素英被時間抽離剎那，看見了只有她和若男在的教室，再回神，眼淚早已氾濫。

她親自幫好友的大體化妝，一觸碰若男的臉，無止盡的眼淚翻騰落下。同事告誡她，眼淚不能滴到往生者，不然若男會捨不得走。

「但那些箴言對我來說不受用，我突然發現原來死亡可以離我這麼近。」尤其看到若男的媽媽，更是難受，再多的安慰也起不了任何作用，白髮人送黑髮人的傷痛，或許撕心裂肺還不足以形容千分之一。劉素英只能抱著她一直哭、一直哭。

即使閱過無數生離死別，父親的離世才是她學習離別的開始。

父親過世的早上，劉素英特地打開房門察看，父親雖略顯虛弱地躺在床上大口喘著，她還是關上房門去上班。工作不久，同事打開工作間告訴她：「你爸走了。」要她趕緊回家。

「很遺憾沒見到父親最後一面。」劉素英悲傷地說。

父親最後的儀容是她親自打理的，即使已過了十年，切身之痛仍難以釋懷，不需聽從任何指令，只要一想起這件事，悲慟便隨之而來。

死亡其實並不無情，而是貼心，每年每月在眼角刻鑿渠道，好讓人一思念就有地方發洩。

「為什麼人的眼淚那麼多呢？」直至十年後的今天，劉素英的眼淚仍在閃動。

【人物介紹】

有人說：「如果有一種工作別人不願意做、而你卻樂在其中，那一定是佛祖派你來為眾生服務的。」

提到劉素英，大多數人想到的都是她曾為鄧麗君及郭台銘前妻林淑如等名人化妝，不過更讓我敬佩的，莫過於三十年的公職生涯裡，她只堅持一件事，那就是致力於推廣大體化妝師這個職業。

第一次見到她是我擔任法醫的第三年，當時研究所老師邀請我參與殯葬改革，由於本身職業的特殊性，自然被分配到整理屍體相關資料，特別是遺體修復與美容的部分。學術上的問題可以從法醫學等書籍中獲得，但實務上的操作就比較捉襟見肘，幸好司法界的朋友幫忙介紹，讓我有機會與劉素英老師搭上線。

拜訪她是在一個下著雨的清晨，撐著黑傘走進殯儀館特別有種思古幽情。「劉老師您好，我是新竹地檢署楊法醫，之前有與您通過電話。」嚴肅的她，看起來與她的工作挺匹配的，爾後幾次交流下來，才發覺她既親切又熱情。或許是彼此有共同的愛好「屍體」，話匣子一開就有聊不完的話題。她不像其他人稱呼我「老師」或「法醫」，反而是叫我「敏昇」，我也習慣喊她一聲「劉姊」。

最受不了的，是她辦公室外的吵雜聲，不時晃過引魂幡後哭哭啼啼的家屬。幾年前好不容易搬到了新大樓，雖然少了外界的干擾，但夜晚的地下室卻顯得異常陰森。我常挖苦她：「都這麼資深了，也不去找間像樣的辦公室。」她總說：「到哪辦公不都是一樣？」這或許就是技術人的真性情，工作能做好比什麼都重要。

生死是禮物，告訴你真正重要的事

受訪人：鄭開林／馬來西亞富貴集團禮儀部總經理／美國國家禮儀師協會會員

不做羊群，勇闖出一片草原

「你好，我是富貴集團的鄭開林，我的名片貼在大門上可以避邪喔！」初次見面遞名片時，鄭開林總自我調侃，以幽默化解別人對殯葬業的猜疑。他所任職的公司，在馬來西亞無人不知無人不曉，版圖擴及東南亞新加坡、泰國、印尼、越南等地。

「我是很自豪才這麼說的。」一收斂起笑意，鄭開林對殯葬工作引以為傲。尤其這兩年COVID-19席捲全球，他的公司常被拿來開玩笑，等同於「死亡」代名詞。公司也欣然推出抗疫宣傳口號：「要不你待在家，要不就待在富貴。」

鄭開林大學畢業入職，一待便是十七年，從小職員晉升跨國集團總經理，雖不是第一線禮儀師卻樣樣精通，隨時能端茶水、搭把手，就像個補位選手。

他說，殯葬業是服務業，圓逝者與家屬之間最後的心願。

相較於許多馬來西亞華人經商或做小生意維生，鄭開林的父親是校車司機，母親則是全職媽媽，在家撫養三個孩子。身為老大、又是長男的他，自中學畢業就沒再向家裡要一分錢，仰賴跟政府貸款加打工才能讀大學。

「小時候最開心的是，媽媽會用麵粉和糖給我們做點心。或是炒一大鍋麵連吃兩三天。」兒時化在嘴裡的蜜，是父母苦熬而來的甘甜。他後來才懂，每當學校放寒假、爸爸暫時沒收入，媽媽是如何變著法子，撙節支出又不委屈孩子。

深怕生活斷炊，鄭開林畢業前夕就四處投履歷，他的想法很單純：「哪裡要我，我就去哪。」

海投二、三十個職缺，其中有家公司請他去面試，一細查，竟是販售福地跟骨灰位的殯葬集團。

彼時在麻坡長大的他，與首都吉隆坡相距兩百公里，就像台北與屏東般山高水遠，並不曉得這家吉隆坡企業如此有名，只是心想：「怎麼殯葬業能做到上市，應當很厲害？」

「我不喜歡跟著『羊群』一起走。」

好奇心被激發的鄭開林決定先試再說，比起在團隊中找到安全感的小羊，他更想當「孤狼」，不選眾人前仆後繼的路，而要自己開創。

他並不恐懼這個行業，更何況，優渥薪資早已吸引許多能人。

「同樣是一雙手、兩個眼睛、一個頭腦，為什麼他們做得到，我沒辦法？」他說。

幸運的是，父親是佛教徒，母親也全力支持他，倒是他自己沒料到，會在這行待這麼久。

多年後結婚成家，朋友聚會仍愛揶揄他：「你有沒有遇到鬼故事過？」

他打趣回答：「還真沒有。」尤其加班到深夜，辦公樓偌大無人，安靜到讓人呵欠連連，這時要是有「人」來陪他聊天，提振精神也好。

馬航MH17空難，生涯震撼彈

二〇一四年七月，馬航MH17客用班機在烏俄邊境被擊落，飛機空中解體，全員罹難，這也是鄭開林職涯的重大轉捩點。

公司被馬國政府點名，承辦非穆斯林罹難者的喪禮，而他，被公司欽定為負責人。

事發後整整兩個月，他疲於周旋馬國政府、馬來西亞航空、罹難者家屬間的協商，還要應對警察調查、媒體記者的各種提問。

尤其馬國為多種族社會，人口組成約為百分之六十七的馬來人、百分之二十五的華人與不到百分之十的其他種族，其中多為印度人。

而馬來西亞人多為穆斯林，信奉真主阿拉，華人則有佛、道與基督教，喪葬禮俗各有不同。

譬如，馬來人、印度人治喪費平均兩千至四千馬幣，華人卻要近十萬馬幣，從選福地、棺木、喪禮會場布置、入殮、晉塔等各環節都不得輕慢，為了向馬國政府與馬航協商請款，就費了一番脣舌。

「繁瑣歸繁瑣，最煎熬的還是家屬。」鄭開林嘆了口氣。數個月內馬航就發生兩次事故，舉國籠罩在低氣壓中，又逢親友無端遭禍，哀痛與憤怒難以消化。

他記得，大體被迎接回國那天，親友趕來富貴紀念館迎接罹難者大體，攝影鎂光燈卻閃個不停，有家屬氣到毆打記者，引發喧然大波。

這個事件與多年禮儀服務的觀察，讓他意識到「悲傷輔導」在馬來西亞是缺失的一角。公司決定成立心理諮詢小組，請諮商師於治喪期間支持家屬，但不宜主動介入，尤其小孩過世、驟逝、喪偶、白髮人送黑髮人的情況，更要仔細觀察家屬的心理狀態。

鄭開林強調，馬來西亞民風保守，普遍認為看心理醫師就是有病，患者大多缺乏病識感，即使言行思緒已異常，也不知道尋求幫助，以致發生更多悲劇。

「我們身為龍頭企業，更應該拋磚引玉、非做不可。」他說。

馬國治喪僅三天，人性徘徊於灰色地帶

「公司每逢大事件，我就變成公關。」鄭開林做人圓融、做事謹慎，全來自年輕時廣泛的閱讀經驗。

他愛看書，尤其是劉墉的頭號粉絲，每每新書出版就迫不及待購入，從辛辣見解到溫馨小品，人性美好與險惡反覆驗證。

「就像吃完麻辣火鍋，又給你一杯暖茶。」他生動地比喻著，亦從豐富的人性中養成了體貼之心。

書中的人性在善惡間徘徊，死亡當前則更加赤裸。

有一次，鄭開林接待超級ＶＩＰ，逝者是一名極富威望之人，他的遺孀嫌喪葬人員晦氣，避忌碰觸他們，又要享受專屬禮遇，希望打造飯店規格的洗手間。

鄭開林聞言，只好將一間尚未啟用的殘障廁所，布置花藝大師的創作、點薰香，方完成客戶要求的日式禪意空間。

乍看之下是跋扈的要求，有錢就要任性，他卻趁機教育下屬：「你別忘了她剛喪偶，現在

的樣子可能不是原本的她，她只希望藉由這些得到慰藉。不過是一間美美的廁所，為什麼不能滿足她？」

況且，馬來西亞治喪僅三到五天，領遺體、穿壽衣、布置靈堂、誦經做宗教儀式等馬不停蹄，家屬在繁瑣流程之餘，僅剩一點時間能消化悲痛怨懟、彌補逝者生前的遺憾。

他常勸家屬：「從現在起到封棺前的短短幾天，你想清楚，對往生者還有什麼承諾、心願未了，儘快去做。」

生前種種譬如昨日死，最後三天，是要渾渾噩噩地過，還是不留遺憾？他堅信，殯葬業者要從中引導出善的循環。

受大老闆的啟發，誓言做領域裡的佼佼者

另一個對鄭開林影響至深的大人物，是他的老闆。

那年他二十八歲，對工作開始感到乏味，想著另尋出路，便向主管提出辭呈。

沒多久，董事長得知此事，把他關在會議室裡數落了一下午，又急又氣，恨鐵不成鋼。

對一名在職場上摸索打滾的小伙子來說，那畫面很魔幻。威風凜凜的董事長，居然花四小時對自己「念經」，噴得他滿臉口水。

老董愛之深、責之切，對鄭開林諄諄教誨：「做事要熟能生巧！做得好，還要做得精；做得精，還要做得極致。」

他想表達的是，年輕人定性不夠，學兩三下就以為自己真的懂，東摸西摸，將來還能成什麼大事？

字字箴言，讓鄭開林聽進心坎裡，他從此不再半途而廢，誓言做領域裡的佼佼者，更率領團隊到新加坡、泰國、越南與印尼投石問路，奠定跨國企業的基底。

如日本職人「一生懸命」的精神般，他表示：「我不是一輩子只想做好一件事，而是要做很多事，並且把每件事在當下做到最好。」

名利身外物，珍惜眼前人

兒時經歷讓鄭開林拚命工作，想給家人更好的生活環境。

儘管事業成就斐然，私底下的他卻認為「名利如浮雲」，而他自己更是一片浮萍，隨遇而安，凡事無須強求。

名利場上見過太多名門望族，生前呼風喚雨，嚥下最後一口氣後，凡事盡歸塵土。

「沒什麼好爭的，人走了，什麼都會歸零，真正重要的是自己深愛的孩子跟家人。」

鄭開林的工作表面上看起來朝九晚五，實則須二十四小時待命，往往接到緊急任務就得不分時地、使命必達。

但他又不願當個「消失的爸爸」，規定自己假日必須陪伴妻兒，隔週全家回鄉探望爺爺奶奶。

他隨身攜帶一個扎實厚重的黑色背包。「這裡面有手機、電腦、平板、文件資料等，我經常跟家人出門，他們在玩，我在旁邊找個桌子就開始工作。」他說。

真的得出面時，鄭開林會直接把兒子帶到公司。兒子尚在襁褓期間，就被他帶到墓園，從小常看棺木和骨灰罈，也習以為常。

去年，鄭開林的太太被診斷出癌症，他才驚覺幸福被急速壓縮，好多承諾還沒兌現，說好的事也還沒一起完成。

噩耗猝不及防，他沒有太多時間悲傷，還得承接妻子的情緒，他勸道：「妳越沉浸在悲傷裡，越拖延治療進度，況且妳倒下了，兒子怎麼辦？妳難道不想看著他長大嗎？」

這番話其實也在激勵他自己，無論如何，為人父母必須堅強。

所幸妻子早早發現疾病、早早接受治療，目前只要定期回診追蹤即可。

走過這一遭，更讓鄭開林篤定，生死是禮物，告訴你真正重要的事——愛要及時。

九歲大的兒子漸漸懂事，曾經撒嬌地對他說：「爸爸，什麼是死掉？我怕死掉！」

就像三十年前的自己，也困惑生死、曾問過爸爸相似的問題。而今他知道，人不能預測未知，但可以珍惜當下，擁抱已知。

【人物介紹】

二〇一〇年香港亞洲殯葬年會的演講結束後，一名年輕小伙子跑過來，誠懇地向我遞上名片，並邀請我到馬來西亞演講。「富貴集團？」馬來西亞我不熟，不知道他們是當地最大的殯葬業集團，加上我經常在演講中收到各式口頭邀約，對於眼前這位年輕人的邀請，我只當成禮貌性的寒暄，並未多想。

直到回台一個禮拜後，郵箱裡赫然出現一封信，上面寫有「鄭開林」三個字。信中，他誠懇地詢問：「楊老師，若要請您來馬來西亞演講，應該支付那些費用？您想分享什麼主題？」他鉅細靡遺地向我確認邀約細節，最後促成了我的馬來西亞演講之旅。

這個東南亞國家，成了我第一個海外據點。爾後，富貴集團又開設幾次殯葬培訓課程，鄭開林總向公司力薦我，幾趟飛行下來，我在當地結交了一群好友。我們雖然國籍不同，卻一見如故，結下十多年深厚的友誼。

二〇一五年父親車禍身亡，出殯前一天，他從馬來西亞風塵僕僕地趕來弔唁，參加完告別式，當天又馬不停蹄回國辦公，這趟二十四小時的出入境，事前完全沒知會我。我驚喜之餘，這份心意也感動至今。這些年我逐漸把教學重心往大陸發展，但與他一直保持著聯繫，很高興看著他一路從助理升到副理、經理，甚至掌管兩個殯儀館，真的與有榮焉。很榮幸，這次他在百忙中還抽空接受我的訪談。

八字輕也甘願投入殯葬業

受訪人：沈美足／一貫全生命禮儀社執行長

佛祖讓我服務往生菩薩

「從小，我就知道自己有敏感體質，只要經過喪家搭的棚子，就會覺得不舒服，甚至發燒、嘔吐，必須收驚、喝符水才能康復。」沈美足淺淺地笑著，像是在安撫眾人的驚訝般。

因為這層緣故，家人們都極力讓她遠離與殯葬相關的一切，一見到有喪家，遠遠地就會繞行，不讓她有所接觸。

當時的沈美足從沒想過，長大後，怕鬼、膽小的她，竟然成了每天和往生者相伴的殯葬業女老闆。

透過宗教信仰和願力，讓她得以克服恐懼，全心全意地投入殯葬業，服務眾多往生菩薩。

因忘年摯友而入行

陳媽媽是沈美足在一貫道佛堂的忘年之交，兩人都是佛堂的義工。每當佛堂內有道親往生，他們都會主動協助、關懷，透過做七誦經、出殯時至會場恭誦彌勒真經、唱誦追思歌等，送道親最後一程。

沈美足有中餐丙級證照，平時很喜歡做糕點。有一年清明節，她在佛堂看到一種不太會做的粿，隨口問道：「不知道這種粿怎麼做？」

沒想到，第二年清明節，陳媽媽就拿著親手做的粿，仔細地向她介紹：「這邊有幾種不同的口味，帶回去嚐嚐！喜歡我再教妳。」讓沈美足感動不已。

很快地，相差逾二十歲的兩人感情漸生，成為忘年之交。

不料，陳媽媽在一個大雨天、前往佛堂的路上，遇上重大車禍，雖緊急送醫，但經多日搶救、觀察，最後仍不幸往生。

沈美足不捨摯友離去，從陳媽媽住院的探視，到後來辦理後事的過程，都積極參與誦經和助唸。

終於到了告別的這一天，沈美足留意到她女兒神情倉惶、無奈，似乎不只是因為母親離世而感到悲痛。

儀式後，沈美足特意過去關心陳小姐，才瞭解她惶惶不安的原因。

「早上，原本葬儀社應該派中型巴士來家裡接親友們，但約定的時間到了，車子卻遲遲沒出現。本以為可能是塞車或路不熟之類的原因，再多等了許久，眼看著就要遲到了。聯絡葬儀社，沒想到對方回答：『他們忘了安排車子！』」

就這樣，葬禮還沒開始，親友們的心情就備受打擊。

「大家怕錯過時辰，急急忙忙地分批搭車趕往殯儀館。當對方把遺體接出來時，我看到媽媽的兩頰被畫了兩大塊腮紅，像極了《暫時停止呼吸》裡的殭屍造型……」

陳媽媽生前愛美，總是漂漂亮亮的，女兒希望母親最後也能保持美麗，要求葬儀社的人調整妝容。

「沒想到，瞻仰遺容時，媽媽的妝都還沒有修改好。我緊張地提醒工作人員，卻見他隨手從口袋裡拿出一團好像用過的衛生紙，草率地往媽媽臉上抹，而且越抹越糟……」陳小姐說到最後，終於忍不住放聲大哭。

「我媽媽的最後一程，走得實在不圓滿……」陳小姐氣自己能力不夠、氣葬儀社草率無能，也氣憤媽媽的最後一程全被毀了！

一滴一滴的眼淚，讓沈美足的心中下起了雨。

望向陳小姐抽動、哭泣的背影，她心想，未來能不能在道親和家屬們送行的過程中，幫上更多忙？這樣的話，活著的人就不至於像陳小姐這樣，留下無法抹滅的遺憾。

當義工還是開公司？

心思細膩的沈美足，畢業就開始從事會計工作，一路高升到貿易公司的會計經理。「投入殯葬業」對她來說，從來都不是人生選項。

當時的殯葬業者，給社會大眾的印象普遍都不好。沈美足和丈夫想著，為了不讓陳媽媽的遭遇再度發生，希望可以開一間公益公司、做義工，幫助有需要的道親或朋友。

由於對殯葬業並不瞭解，她先生透過在公務部門任職的朋友找到了我，邀請我到佛堂分享殯葬相關知識。

我見他們如此熱心，更陸續介紹許多殯葬業者跟他們夫妻交流。

隨著對整個行業的瞭解越來越深，沈美足發現，即使自己願意義務為道親付出，但整個告別儀式還是需要許多專業人士，過程中仍然需要花費。

「也許一次、兩次可以拜託別人，但總不可能拜託十次、二十次吧！人家也要吃飯啊！自己不收錢沒關係，辦儀式總是會用到車子及其他東西，樣樣都需要錢！」

慎重考量後，她決定暫時擱置投入殯葬業的想法。

有一天，我邀請高雄的殯葬業者楊博文一起到北部找沈美足，這次的對談才打開了她心裡的枷鎖。

「生意的事情只要價格合理、符合客戶的需求就好。當你有了自己的團隊、在過程中賺了錢，遇到困難的人才有能力幫助他們。」當天，楊博文師兄鼓勵她去完成自己的心願和志業。

對於我們多番熱情相助，卻不要求合夥或投資，沈美足夫婦既感動、又訝異，決定踏入殯葬業，開展不一樣的人生。

藉由敏感體質與亡者溝通

靈異體質的人要投入殯葬業，必須克服的除了恐懼，還有更多心理和生理的不適。沈美足永遠都不會忘記，第一個服務的個案。

當時，她在凌晨兩點多開車到殯儀館，看到大門就在眼前，想都沒想就停好車，直接走上前門樓梯，要和等在裡頭的禮儀師見面溝通。

沒想到，一走進門，她才發現自己竟直接進入了停屍間。

三更半夜，她隻身穿過一具一具正在退冰的大體，要往前走也不是，往後退更不行，當下只能強忍著害怕，直視前方，等走到電梯前，已經雙腿發軟。

正是這樣的震撼教育讓她體認到，自己真的已經走入殯葬業了，就算再怕，也得硬著頭皮勇往直前。

有一次，沈美足連續一周都聞到怪異的味道飄散在空氣中。不久便接到鄰居的電話，原來辦公室後棟大樓，有獨居老人死在租屋處。

她帶著團隊前往處理時，老人的床上已吸滿屍水，就算東西都丟了，用漂白水清洗再多次都有味道。

團隊試圖用電動拖把清理地面，但原本運轉順利的拖把，卻突然怎麼都無法脫水。

沈美足見狀，誠心地說：「伯伯，不要捉弄我們，我們是要幫你清潔環境。讓我們快點整理，完成工作以後我們就出去了。」

當下屍臭味突然飄進來，拖把再次恢復功能。

還有一次，有名年約五十歲的壯年男子突然心肌梗塞過世了。到殯儀館引魂時，他的妻子哭得淒慘：「為什麼起床就無法聽見你的聲音……」

剛從屏東趕回來的妹妹，一踏進靈堂神色就不對勁，突然間抱著大嫂哭道：

「妳不要哭、不要難過！我也不想死、不想離開，但是我沒有辦法。」

「妳要去改嫁，不要一直傷心，我們兩個緣分只到這裡。」

之後，妹妹又回頭找死者的母親，哭著道歉：「媽媽對不起，我不孝，我也不想死……」

母親抱著妹妹拍肩說：「你要勇敢，不要有罣礙，媽媽不會怪你，你要去好好修行。」

沈美足在旁邊看傻了眼，趕緊請師父把往生者的魂魄引到該在的位置，向地藏王菩薩祈求，請亡者回到牌位，不能再魂魄出竅。

不久，妹妹就退魂，昏倒趴在桌上，過了幾分鐘，才悠悠醒來。

她也曾遇過家族紛爭所引發的怪事。有位父親往生前，交代兒子未來要跟母親葬在一起，當時由大兒子作主，將父親葬在桃園軍人公墓。

一年後母親往生，喪事由二兒子主導，交由沈美足服務。

但由於大兒子和二兒子不睦，二兒子決定將母親放在靈骨塔，母親牌位旁預留父親的位置，等待之後有機會再合葬。

喪事圓滿結束後，沈美足突然全身不舒服，長皰疹、皮蛇。

靈媒通靈後告訴她：「有一個伯伯要找妳，要妳傳話給他兒子。妳回想一下在辦喪事的過程中，有沒有答應人家什麼事？有沒有把事情交代好？」

她趕緊告訴二兒子：「你父親有來找我，要跟你母親葬在一起。這件事他一直有罣礙，請你去爸爸的墓園講清楚，說改天會看好時、好日，讓他們合葬。」

二兒子後來去墓園祭拜父親，說明清楚後，沈美足的不適也跟著康復了。

人有善念，天必從之

沈美足的事業和她一樣「做自己」，軟性服務、從心出發是她的初心，也是一直堅持的信念。

許多喪家都是第一次辦喪事，沒有經驗，經常手足無措。她總是將他們當成陳媽媽一家，想辦法讓他們能順利、安心地辦完相關事宜。

即便沒有任何行銷，也沒有流血砍價競爭，因為服務過程中的真誠與善心，在喪家和親友之間廣為流傳，家屬常會主動上門請她服務。甚至往生菩薩也是如此！

沈美足家住新北市淡水區，卻曾連續一周夢到有位躺在床上、腹部腫脹的婦人，請她去基隆六堵幫忙。不久，她赴基隆六堵參加一場餐會，突然接到殯葬服務案件電話，距離餐會地址只有十分鐘路程。

當她趕赴現場時，發現死者正是夢裡那位八十歲的婦人，因癌末身亡前，已經昏迷兩周。

「往生菩薩來找我，讓我更提醒自己，要心存善念，溫暖付出。」她說。

受到陳媽媽事件的啟發，這些年來，公司承接的所有案件，她一定特別注重往生者的儀態。除了穿戴整齊，更要打扮得美美的，這或許是一般業者比較不在意的環節，卻變成她最重視的服務項目。

無論被欺騙或是遇到惡意競爭，沈美足依然願意以幫助人的理念，繼續堅忍不拔地走下去。不止讓家屬多份安心，也幫助往生者放下執著。

「人有善念，天必從之。」沈美足對這句話有著深刻的體悟。未來，善念會繼續相伴她左右。

【人物介紹】

沈美足是我好朋友的太太。跟他們夫妻認識，是在一場板橋退輔會針對退伍軍人開設的殯葬課程中。黃大哥是當時其中一位學員，當他知道我的身分是法醫後，特地跑來跟我打招呼。原來，他也在司法單位工作，因為是同行，兩個人很有話聊。

黃大哥以地主的身分堅持請我吃午餐，更連問都沒問我，就帶我吃了三天素食。我很好奇地問：「吃素是因為注重養生嗎？」後來才知道，原來他們全家人都是虔誠的「一貫道」教徒。他們來上課的目的很簡單，就是想設計出專屬「一貫道」的禮儀服務。聽完他們的想法後我深受感動，決定協助他們夫妻倆圓夢。

因為黃大哥具有公務人員的身分，夫妻倆開設的殯葬工作室所有重擔都在美足姊身上。她擅於溝通、為人親切，服務的價格也親民，因此只要北部的親友有需要，我都會轉介給她來協助。他們總是以最低的費用，做最好的服務，因此我常接到他們服務過的朋友、家人來電，讚許夫妻倆做得真棒。對於一些窮苦的家庭，他們更是無怨無悔地為對方服務，善良、真誠的心實在令人感佩。

走入江湖的外商女主管

受訪人：吳寶兒／萬安集團業務部副總經理／國立臺灣科技大學及致理科大兼任講師

自亮麗的舞台轉身

「我進殯葬業第一個月就摔斷腿，三個月還在撞牆期。朋友都打賭，我絕對撐不久！」萬安生命集團行銷業務部副總經理吳寶兒笑著說。

投入殯葬業十四年，她見證了台灣殯葬業的起飛與轉型，從刻板印象中滿口橫話、叼菸、嚼檳榔、刺青的「三教九流」，逐漸蛻變成著西裝、暖心、證照化，有制度與使命感的專業工作。

四十歲以前，吳寶兒是外商廣告公司的高階主管。她大學念的是企管系，因學長的引薦而踏入多采多姿的時尚廣告界工作，一待就超過二十個年頭。踩在時尚的巔峰，創意新穎的她屢獲國際廣告大獎，更帶動品牌業務銷售達到高峰。

在尚未踏入殯葬業之前，她和多數人一樣，對這個產業並無特別的好感。九〇年代末的殯葬業，三不五時就會傳出各種負面新聞：到急診室搶屍體、在殯儀館門毆打群架、回收守靈區的腳尾飯牟利……等。

吳寶兒形容她對殯葬業最初的印象：「這是一個黑暗、充斥角力的產業。」

中年轉業，是她生命中意料之外的發展。受好友請託，她毅然接下萬安生命事業機構企劃部副總經理一職，協助處理醫院標案事宜。

「當時我想，我應該可以為這個行業帶來不同的改變吧！真的是瘋了，才會給自己這麼偉大的責任。」說起初入行時的天真理想，她忍不住哈哈大笑。

從講英文到烙台語

懷著雄心壯志投入殯葬業，等著吳寶兒的卻是一連串的挫敗。

以往在廣告公司，同事來自不同國家，中英文挾雜交談再平常不過。

而且身邊的人多半溫文儒雅，談吐斯文。會議時BB call或手機一定關靜音，嚴守議事規則，就事論事地討論或辯論，不會口出惡言。

除此之外，工作氣氛也相對自由開放，早上不用趕著打卡。

但在傳統且保守的殯葬業，卻是截然不同的光景。

周一至周六，天天早晨八點半準時打卡、必須穿公司制服、腳踩某一高度的高跟鞋。

更糟的是開會毫無效率，對她這個初闖叢林的老白兔來說，簡直無法相信。

吳寶兒生動地形容早期開會時的混亂場景：「每個人都拿黑金剛大哥大，鈴聲此起彼落，主席台上說話，台下說得更多。家屬隨時都有要事需溝通、協調，手機二十四小時不得關機、不能漏接任何電話。一個會議最少開三小時，開一整天是常有的事，過個企劃書會議更是達旦通宵。」

當時，殯葬業的風氣相對封閉，主管們都是跟著老闆一起奮鬥打拚天下的「汗馬功臣」，也是情同手足的「拜把弟兄」，女性員工極為少數，更不用說是女性主管。

「傳統殯葬業有他們自己的溝通方式，而我初來乍到，因習慣常不小心烙出一兩句英文，每每都會飄來異樣的眼光！我也常常聽不懂他們講的台語，更別說人人皆能隨口一說的俚語，真的是鴨子聽雷，有聽沒懂！」吳寶兒苦笑著回憶道。

一支廣告改變殯葬思維

在此之前，葬儀社做生意都是仰賴地方人士或曾經服務過的家屬介紹，一年要做幾單很難訂定目標，要靠死人做生意，難！

殯葬人員入行門檻低、形象不好，更有許多陋習，例如要給師父、道士、抬棺們名為「除穢」的紅包，想順利訂到好日子的禮廳與火爐要打通關塞紅包，辦好後事後土公仔也要吃紅，零零總總的都是殯葬成本。

錢難賺，成本外的支出又多，再再讓殯葬業水準難以提升，從來沒有一家公司做過殯葬服務廣告。

當吳寶兒提出要做企業的品牌廣告時，不少人納悶：「這女人頭殼壞掉了嗎？把棺木跟骨罐放在電視上播放，多不吉利、晦氣呀！為什麼要花錢做品牌廣告？」

然而，這支名為「用你想要的方式．道別」的廣告，卻翻轉了人們對殯葬業的印象。

故事細數女主角庸庸碌碌的一生，有許多遺憾。小時候沒吃到冰淇淋、沒能和初戀情人結婚、覺得老公陪工作比陪孩子還多、兒子幫她開了冰店結果她卻病倒了⋯⋯。她很想親手做冰淇淋給孫子吃，但再也沒有機會，沒能健康地走出醫院。

「人的一生中很多事情不能如願，但後事是你最後一個可以圓滿的機會。」

女主角人生最後的一場喪禮，幫她實現了夢想。每個來與她道別的人，都拿著一支冰淇淋，化解她的遺憾。

影片中不見棺木、更沒有骨罐畫面，卻在短短一個月內就感動了全台上千萬人，顛覆了社會大眾對殯葬業的負面觀感。

最後，這支出色的廣告不僅讓集團的知名度在一夕之間竄紅，也於二〇〇八年時報廣告獎項中，獲得金句獎的殊榮與肯定。

「後來，我又說服老闆，既然做了廣告、建立了品牌形象，員工的素養也要跟著向上提升才行。」

二〇〇七年起，集團明文規定員工不得吃檳榔、拒收受紅包，當時還引發不小的風波。

此外，服務家屬時必需穿西裝打領帶，靈車更要清理得乾乾淨淨的，明碼標價張貼出來以供公議。

這些大大小小的轉變，逐漸洗刷了過往殯葬業的汙名，也讓集團年年評鑑都獲優等肯定。

串聯世界的擺渡人

二〇〇八年亞洲殯葬業蓬勃發展，國際殯葬博覽會每年固定於香港或澳門召開，來自世界各國的殯葬協會與業者匯集於此，交換學習、互相切搓。

萬安生命每年都受邀參與此盛會，分享台灣市場的經驗，這也使世界各地的殯葬人源源不絕地來台取經。

吳寶兒自願肩負起開拓國際市場業務及經營海外市場的任務，影響擴及香港、澳門、中國、越南、新加坡、馬來西亞等地。

尤其在中國，她親自走過二十一個省、三個直轄市、三個自治區、兩個特別行政區，深耕於中國大大小小的殯儀館及墓園不下三百個。

致力於扮演二岸的陰陽擺渡使者，吳寶兒樂於分享台灣的人文精神和精緻的殯儀服務，從臨終關懷、初終、接體、告別奠禮，到入厝安家、後續關懷（百日、對年、合爐）等，如何做到「生死相安．圓滿託付」，希望能召集眾人之力共同為殯葬產業付出心力、創建美好的願景。

用「墓園一日學」改變孩子的生命觀

吳寶兒至今接觸過各式各樣的家屬，讓她體悟到在少子化、親緣淡薄的年代，高塔陵園終將成為後人遺忘的無主厝。

比起死後的世界，現在的她，更關注如何在有限的生命中活出最大的快樂。

近年來，她投身於教育學程，推廣生死教育、傳承殯葬科儀，更提倡「殯儀館／墓園一日學」的生命體驗。

透過一日學的行旅，看著遺體離開冰櫃，她帶領學生經歷洗穿化、入殮、告別、火化、撿骨、安葬等程序，親眼見證人從肉身化為灰燼，最後回歸塵土的歷程，期盼能使他們體悟「生命短暫，愛要即時，珍惜所有」。

「教書就是傳承。」吳寶兒表示，兼任教師的車馬費並不多，交通和時間成本完全不划算。然而，當她看見學生們震撼的眼神、喚起生命力的感動，所有辛勞便有了意義。

體驗過人生的終程，更會珍惜擁有的當下。離開教室，相信這些年輕的孩子，自此對生命將有不一樣的省思。

為將來「被照顧」做好準備

因為不想虛度光陰，過去十年來，吳寶兒陸續拿到兩所國立大學商學院的碩士學位及教育學程。她也考慮再攻研樂齡產業及長照相關的碩士，為即將邁入此族群的自己盡一份心力。

為了準備「被照顧」，她先學習如何照顧人。不但取得照服員證照投入長照事業，也延伸生死服務區塊鏈、協助社區照顧關懷據點規劃銀髮族活動，讓長輩們健康快樂地變老。

「我從來都不想活很久，六十歲就可以離開，因為我的每一步都走得精彩。」在殯葬業多年，吳寶兒常這樣跟朋友開玩笑。

現在的她，只想把握時間雲遊四海，至今已走遍六十多個國家，希望離開人世的那一刻，沒有任何遺憾。

「我的目標是，在人生最後一刻把錢花光光，做任何事情的當下，對得起自己就好！」她笑哈哈地說。

「曾經不悔，現在不避，來日不急 。」正因生命總會停止，才彰顯出活著的時光無比珍貴！

【人物介紹】

「請問有什麼需要幫忙的嗎？」綁著馬尾的年輕助理招呼著，一看就知道是新進員工。「跟大主管說我來找她喝咖啡了。」這是多年來我到萬安上課的習慣，總把企劃部當成自己的辦公室。「副總經理還在開會，請老師稍候一下。」當會議室大門緩緩開啟，卻出現一個陌生的臉孔。「楊老師，我是企劃部負責人吳寶兒。」這是我第一次見到吳寶兒，她客氣地遞上名片及咖啡，幸好熱情化解了彼此間的尷尬。

二〇一一年湖南衛視「天天向上」製作單位找了殯葬人錄製清明節特別節目，希望能展現台灣文化的特色，吳寶兒居中協調，推薦我擔任特別來賓，之後幾次同台開啟了彼此的互動。除了殯葬理念一致，我們還有共同的愛好——咖啡，她的喝法蠻奇特的，冰咖啡再附上一杯冰塊，可能與她體質不耐高溫有關吧！

從滿口英文的外商廣告公司，轉換跑道到傳統的殯葬業，她也曾經像誤入叢林的小白兔般困惑、掙扎，甚至逃跑。但她發揮長才，在外以廣告幫企業做行銷，內部則規定員工服務時不吃檳榔、不收紅包、穿西裝打領帶等，重塑殯葬人專業、氣質的形象，後來更把企業觸角從台灣延伸至海外。從她身上，彷彿看見美麗的白鴿，不惜一切勇敢跳入烈焰中，最終化成更耀眼的鳳凰！

墓園裡的工程師

受訪人：劉正安／金寶山集團業務督導／中國殯葬協會兩岸殯葬交流委員會主任

捨AT&T到墓園

從美國電信業大老AT&T科技公司進到台灣傳統墓園，由現代科技業轉至古老行業，劉正安的時空逆旅，將理工人的嚴謹、邏輯思維應用在禮儀服務上，如工程師Debug般，各個環節不容出錯。

那一年，他自資訊工程碩士班畢業後，幸運地在美國找到工作，接著順利取得綠卡。若非回台灣過暑假時恰巧接到一通老友的來電，至今可能還在既定的軌跡上運轉，人生少了點趣味。

這天，劉正安剛從美國返台不久，打算陪家人過完暑假再回美國。電話突然響了起來，原來是舊識曹光溹打來的，劈頭就問：「聽說你回國了？」劉正安也笑著回應：「是啊，要請我吃頓飯嗎？」

「當然，給你接個風。不過我有事想麻煩你，我爸公司的墓園買了新電腦搞不定，剛好是你的專業，能來幫我看一看嗎？」曹光溹語氣聽來無奈，隔著話筒傳來隱隱的焦慮感。

曹光溹的父親，是殯葬集團「金寶山」的創辦人曹日章，三十年前，殯葬業作風保守，金寶山恐怕是唯一將電腦資訊系統化、企業化經營的公司。

好友主動開口，加上曹伯伯是一直很照顧自己的長輩，劉正安二話不說，隔日便出現在園區裡。還沒來得及打招呼，曹伯伯就著急地叨唸：「正安，你看，我現在登錄的這些款項，數字為什麼沒辦法對齊？弄了半天！」

原來，新電腦根本沒有壞掉，只是內建系統太新，沒人會操作。

「這個系統我很熟，我來幫您。」他憑藉專長，輕鬆地解決難題，讓老人家高興得不得了：「這些數字只聽你的話，正安是好人才啊！」

對曹日章來說，眼前這位海歸人才，正是幫助公司走向資訊化的不二人選，於是便大方邀請劉正安加入其麾下。

而劉正安開心歸開心，心中卻不免糾結：「我已拿到綠卡，也有竹科企業高薪挖角，親朋好友幾乎都是高社經背景，真的要放棄人人稱羨的生活，投入這個傳統產業嗎？」

所幸，除了過往交情之外，他深深被眼前這位大老闆的野心與遠見打動了。

「假如在此任職，老闆這麼信任我，未來一定可以發揮所長吧！」

於是，他便毅然決定留在台灣，開始了一邊在墓園擔任工程師，一邊於淡江大學資訊系兼課的生活。

民國八十幾年，殯葬業仍靠紙本建檔，塔位與墓地的客戶清冊全是手抄本，且當時電腦也不普及。

聽到劉正安在墓園擔任「資訊工程師」，任誰都一頭霧水，連他的母親也搞不清楚狀況，還認真地問兒子：「是要整理電纜線的嗎？」

因為很難解釋，劉正安只能笑著回答：「類似。」

從工程師變成送行者

雖然踏入殯葬業，但初期劉正安未曾站上第一線。他盡心為公司的各個系統進行資訊化、企業化整合，更建置了ISO9000標準化作業流程。

為了第一時間解決資管問題，他直接搬進墓園宿舍，經常埋首工作到深夜。

「我不是為了加班費，而是住這裡，晚上實在是閒得很。」劉正安笑著，在缺乏休閒場所的偏遠小鎮，他把工作當成娛樂。

夜晚的墓園格外靜謐，儘管只是微風拂過門窗，都能驚動最細小的神經。

有次深夜，加班加到一半，劉正安突然聽到「叩叩叩」的敲門聲，嚇得他靜止不動、寒毛豎立，像小貓般警戒著。

「這麼晚了會是誰？」

門突然打開，劉正安心跳加速，全身豎起雞皮疙瘩……。

「碰」的一聲，有一個人從門後緩緩探頭：「這麼晚了，你在幹嘛？」

原來，是大老闆曹日章夜巡墓園，卻把劉正安嚇出一身冷汗。

多虧這一場虛驚，老闆也看見劉正安的勤奮正直，他先後榮升管理階層，二〇〇一年晉升集團金寶軒公司總經理，工作對象也從一台台冰冷的電腦，變成要面對最直接、敏感、悲傷的人性。

送別弟弟和母親

「我弟弟是突然離開的，他躺在沙發上休息，什麼都沒說就走了，不到五十歲而已。」劉正安刻意壓低音量，對於「無常」，他還在學著釋懷。

接到弟妹電話那天，劉正安才剛接任金寶軒總經理不久，就聽到噩耗從天而降。他當下保持鎮定，交代高雄同業立刻前往弟弟家料理後事，自己則跳上最快的一班火車奔回高雄。

直到上車坐定、身體放鬆，窗外一幕幕宛如電影。首先映入眼簾的，是一雙布滿皺褶風霜的眼，那是痛失愛子的老母親。

那天，濃重的夜幕籠罩著南方，劉正安趕赴老家。兩個姪子在家裡天真地玩耍，三歲和一歲的他們，不知道父親再也回不來。

老母親則怔怔地坐在房間裡，烏黑的雙眸泛著深不見底的水波。她絕望地盯著劉正安許久，緩緩吐出一句話：「你們兄弟倆長得真像。」

見狀，劉正安心中的防衛瞬間失守，他緊握住母親冰涼的手，微鹹的熱浪湧進心窩，四周景象在眼裡逐漸模糊。

靈堂前，弟弟在照片中對他淡淡微笑，彷彿在說：「不好意思，驚擾大家了。」

他突然有些後悔，弟弟離世前，兄弟倆好久沒在一起。遺物裡留有幾張兩人最後一次相約打球的照片，當時的弟弟還沒被病魔折騰，笑容快樂得像個孩子。

「沒有預期的死亡最痛苦。」劉正安說。

一直以來，就算兩人許久不見，弟弟總說：「雖然我們各自成家立業、久未碰面，但你永遠都是我的哥哥。」

不料，那卻是弟弟最後跟劉正安說的一句話。遺憾深深翻攪著他的靈魂，每每回想起來，都讓他心裡一陣酸澀。

告別式上，劉正安讓弟弟帶著無憾的面容，回歸塵土。然而他更放心不下的，是白髮人送黑髮人的母親。

隨後，他將母親接至台北就近照顧，直到母親離世。說來也巧，那天恰好是弟弟的冥誕。似是老天延續母子情緣，雖天人永隔，羈絆卻是不斷。

親身經歷，方知痛有多深，劉正安更加明白，殯葬業者不僅要做好禮儀服務，還必須從言語到行動都支持、撫慰家屬，盡力減輕其悲傷。

最沒人性的工作卻能治癒傷痛

殯葬業強調以人為本，但對員工而言，這一行是「最沒人性」的工作。

死亡不能預期、也無法排程，身處第一線的禮儀師須隨時待命。

禮儀師到底有多忙？接案後要先將大體送至殯儀館，再依家屬宗教信仰進行不同儀式。如果是傳統佛、道教信仰，接著會將往生者的靈魂招引到牌位，再將牌位安置在殯儀會館或家中。

最後，再與家屬討論治喪事宜。第一天流程跑完，至少是十二小時以後的事了。如果又遇到節氣轉換、歲末天寒等「殯葬旺季」，禮儀師簡直如馬拉松長跑選手，打的是持久戰。

某個過年前夕，劉正安如往常般在辦公室忙到深夜。突然，董事長曹光潔來電，說一位朋友的孩子出事了，要他多費心接待。劉正安二話不說，隨即領著助理前往醫院。

孩子意外離世，讓父母心碎不已，兩人以淚洗面，只是無助地站在一旁，等待檢察官、法醫勘驗大體。

結束後，檢察官對劉正安說：「禮儀服務人員進來，把祂的衣服整理一下。」

他便和助理開始替孩子穿衣服。儘管事隔多年，他還是忘不了碰觸這孩子時的感受。

「因為意外而身亡的大體軟軟的，當我們把孩子的頭抬起來時，身體還有些血水。那時我心裡真是難過！」他說。

把亡者的衣服穿好後，孩子的父母一看，略有微詞：「褲管怎麼是歪的？」

助理趕緊處理，也請劉正安協助：「總經理，請您幫我拉一下褲管。」

孩子的父母大吃一驚，沒想到眼前這位禮儀師竟然是總經理，對剛剛的抱怨有些不好意思。

劉正安點頭對家屬致意：「沒問題，這些事情交給我們處理，請您放心！」

豐富的經歷加上凡事親力親為，劉正安雖然是管理階層，卻也是許多家屬信賴的禮儀師，不少客戶都指名要他服務。

「客人交代的事，一定要做得細心周全，讓人放心，絕對不能有任何疏失。」他的理念很簡單。

此外，他也要求員工練習「將心比心」，了解家屬的身心狀況。例如，喪親家屬最需要什麼幫助？如何與家屬建立信任關係？事情圓滿後，該怎麼幫助他們度過傷痛？

「非親非故的客戶，很難靠一次見面就讓對方信任自己。我們能做的，是以實際行動讓家屬安心。」道理雖簡單，但能數十年如一日地貫徹，實為可敬。

活在當下，無懼明天

雖然位居要職，劉正安從不擺架子，反而愛趕員工們下班，自己留下來關門關燈。

「唰！」鐵門剛落下，回音在空蕩的街道響起。夜太深，月光淡淡地灑在路面上，陪伴他一路前行。

回到家，站在落地窗前喝著咖啡，他才會感覺到肩頭的重擔稍稍卸下。

三十年的殯葬生涯，經歷過至親離去，他深刻體會到，當黑暗降臨時，每個人都像一個赤裸的新生兒，脆弱無助、特別需要被關照。

「沒有人知道明天會發生什麼事。」走過無常，劉正安正學著與無常共處。

「活在當下，及時行樂」才能無懼明天的到來。

【人物介紹】

在南華大學念研究所時，有次校外參訪的地點相當特別，竟然是人們忌諱的墓園——金寶山。因覺新鮮，於是報名前往，當時的總經理劉正安親自接待我們，並擔任園區導覽員。大熱天裡，兩個小時的參訪行程，劉總西裝筆挺、笑容親切、表達清晰，異於一般殯葬人的溫文儒雅，也讓我心中對他十分讚賞。

二〇〇〇年後，是殯葬改革風起雲湧的年代，當時我們都是業界兩個較有影響力的單位「中華生死學會」及「中華殯葬學會」裡的理監事，對殯葬改革有著共同的理念。然而，理想雖好，現實卻很殘酷，有太多灰色地帶與潛規則，我們常常只能選擇退後，幾次研討後，自然建立起很深的革命情感。藝人高以翔在大陸猝死時，劉正安第一時間想到我，希望我能聯絡大陸的朋友，對家屬提供適當的協助，我很感謝他對我的信任與肯定。

我們因為年齡有差距，個性也不同，互動中他一直是我的導師。每每當我遇上挫折及困難，都靠他扶持、開導。他通常不會直接給予標準答案，總喜歡以迂迴的方式提點我，等咖啡喝完後，問題似乎也就迎刃而解了。他充分表現出優秀管理者的風範，與技術出身的我相比，在遇事圓融度與協調力方面，高下立判！

比整形醫師還困難的工作

李安琪／新台灣生命公司副理／國立臺北護理健康大學兼任講師

月入十幾萬純屬誤會

遺體美容師李安琪回想剛入行時面對的第一具遺體，震撼的畫面，至今仍歷歷在目。人過世以後，身體會產生各種變化。像是五顏六色的屍斑、疾病所致的暗黃膚色，破皮水腫……等。甚至是眼睛、嘴巴闔不上，「死不瞑目」的情況也相當常見。即使是自然死亡的遺體，若未經過處理，也會很快因細菌孳生而面目全非。她描述自己當時的訝異：「我心想，這是人嗎？跟我想的完全不一樣！」

在成為遺體化妝師之前，李安琪曾是新娘祕書。她坦言，當初想轉換跑道的最大動機，是殯葬業優渥的薪水。

「新聞說遺體美容師可以月入十幾萬。結果面試時，主管跟我說根本沒這回事。真正的月薪大概是新聞說的一半不到吧！」她笑著說起這段「誤上賊船」的往事。

原本以為前景光明的她，沒想到殯葬業的工作和想像中完全不同。服務的對象從過往又美又香的新娘，換成一具具僵硬發臭的遺體。落差之大，讓她一時難以適應。

「開車回家時都很失落、吃不下東西。會開始懷疑人生，覺得我為什麼要做這行？」

幫死者留下美好的最後一面

在台灣，遺體美容是個新興的行業。早期的遺體，多是由殯儀館人員直接穿上壽衣就火化，後來則是由禮儀師兼任洗澡、化妝等工作。隨著殯葬業分工越來越細，從國外引進ＳＰＡ洗身、精油按摩等技術，專業的遺體美容師也應運而生。

遺體美容師的工作主要分成三大部分：洗身、穿衣、化妝。因為細節繁瑣，每次任務都會由三個人分工進行。以洗身為例，不只軀幹，連耳朵、口腔等部位都要仔細清洗，洗完澡還會用精油按摩。化妝的時候，也要修剪鼻毛、剪指甲，甚至應家屬要求現場染燙髮。

「入行前兩年，我每天都擔心明天的遺體不知道長怎麼樣。」人的死因千奇百怪，老死、病死、意外、凶殺、自殺，遺體的表現也大為不同。

她印象最深刻的案子是一具流水屍，因為死亡多日，皮膚已經潰爛腫脹，外觀看起來又黑又綠，妝怎麼樣都畫不上去。她一個人和惡臭的遺體相處了好幾個小時，甚至連禮儀師都受不了，提前落跑。

即使下了班，工作現場的畫面仍縈繞在心中不去。李安琪描述，就像日本電影《送行者》，擔任禮儀師的主角為腐屍納棺，回家後不停洗手、刷牙、挖鼻孔，隱隱感覺屍體的味道還在鼻腔。美容師也是如此。

「回到家，還是覺得自己好臭，這種神經質的狀況大概會維持兩天。」她說。

除了屍臭，最難處理的是意外損毀、已經支離破碎的遺體。不只要想盡辦法搜集所有屍塊、加以縫補，整張臉都要重做。

這種類型的案子，家屬因為事出突然、情緒尚未平復，對美容師的期待也特別高。李安琪苦笑道：「他們會希望你像魔術師一樣，把遺體修復得跟生前完全一樣。」

在工作現場，有時還會遇到一些科學無法解釋的神祕事件。像是有次，她幫遺體蓋好了往生被。明明室內一點風也沒有，被子卻一直滑落，就像有人在拉扯一樣。

還有一次是點好的薰香，無緣無故從佛桌上直接掉到地上，就好像是過世的阿公在抗議：「我不喜歡這個味道！」

不過，在李安琪眼中，比起捉摸不著的幽魂，工作現場最恐怖的還是來自家屬的壓力。淨身過程是不是滿懷敬意、換衣的時候有沒有過於粗魯、完成的妝容和死者生前相似與否，家屬都一一看在眼裡。任何一個環節不夠圓滿，都會遭到強烈質疑。

「我們都是畢恭畢敬地在做這件事。」她如此形容。

儘管工作辛苦，但對遺體美容師而言，家屬滿意的笑容就是最大的回饋。

李安琪記得，有次她幫一具拔牙感染致死的遺體進行修復，用蠟重新形塑已經潰爛的下唇和下顎。家屬原本還在氣頭上，正在討論該如何對牙醫提告。一看到遺體，高興地對她說：「你比整形醫師還厲害，媽媽比生前還漂亮！」

「我覺得幫遺體化妝，也是彌補家屬心中的缺口。我讓他們看到死者是以完整的軀體離開，而不是一身破碎。」

她記得有回幫遺體淨身，家屬突然向她道謝，讓她一頭霧水。原來是看護在家中午睡，夢見奶奶說自己正在洗澡，感覺很舒服。離奇的是，看護明明不在現場，卻能說出遺體的服裝、髮型，就像奶奶真的回到人世。

「這種事情很難解釋，可是聽了很欣慰。」她說。

人生不要等躺進棺材才後悔

對李安琪而言，轉行不僅是工作型態改變，自身的性格與價值觀也在不知不覺中被這份工作重新塑形。

原本不愛說話、脾氣較衝的她，初入講究團隊合作的殯葬業，常常覺得踢到鐵板，工作不順。

「我得罪了非常多人，但自己不知道。入行幾個月後，其實我很痛苦，已經不太想做了。」李安琪回想著菜鳥時期的迷惘。

當時前輩建議她，講話要圓融一點，才能跟別人好好相處。她原本並不服氣，覺得：「我是來工作的，為什麼要抱人大腿？」然而，時間一久，她觀察身邊人緣好的同事，常會主動問好、關心別人，影響所及，她也試著和別人打招呼、聊天，一改過往內向的性格。

就這樣，她成功克服了撞牆期的不適應，在殯葬業一待就是十幾年，現在更成為帶領團隊的小主管。

另一個重大的影響，是她從此對生命有了全新的看法。

李安琪指出，遺體美容師要經手形形色色的死者，當然也有機會碰上熟識的人。比方說一向照顧她的繼父，因為憂鬱症結束自己的生命，由她親手化妝。

她回想著當時激動的情緒，一面化，一面在心中自我檢討：「我為什麼沒察覺到他的狀況？我是不是不夠孝順、對他有所虧欠？我甚至跟妹妹討論，過年時紅包怎麼沒有多包一點給他？」

「現在我很清楚，死亡不知道何時會來。現在沒做的事，以後躺在棺材裡會不會後悔？有想做的事就去做，不要拖延。」她說。

進入殯葬業以後，她重回學校，拿到台北護理健康大學生死與健康心理諮商系的碩士學位，這不僅是為了職場而進修，也是為了彌補當年太早離開學校的遺憾。

此外，在私生活中最大的突破，則是修復和媽媽之間的關係。

李安琪笑說，過往在她心中，媽媽雖然關心孩子，但始終頗有威嚴、不好親近。加上她性格內向，想到要主動說「愛」，總覺得怪噁心的。

但有次，她去上心靈成長課程，老師要求大家在課堂上打電話回家，向家人說聲「我愛你」。她有點抗拒，卻只能硬著頭皮撥出電話。

沒想到，媽媽在電話那頭先是沉默不語，接著以一種快哭出來的語氣反問她：「你是怎樣啦？生了什麼病嗎？」李安琪回憶，當時媽媽因為太過錯愕，還以為她準備要交代遺言！

「我一方面覺得好笑，另一方面也覺得自己蠻可惡的。或許媽媽等這句話已經等很久了，我長這麼大，卻從來沒跟她說過。」

她開始嘗試以更親密的方式和媽媽互動，像是主動勾手、擁抱、稱讚媽媽今天真漂亮、母女聊聊內心話等。

「我這才發現，原來媽媽不像我想像中那麼難相處。」

哪些人適合殯葬業？

入行十幾年，對現在的李安琪而言，工作的意義不僅是求溫飽，還多了一份傳承的使命感。

為了因應越來越多元的工作內容，這些年來，她自費學習雕塑、精油、人體結構、心理諮商，也考取了芳療師證照。

「當年沒人可以問，什麼事都要自己摸索。希望以後進這行的年輕人，不會像我們以前那麼辛苦。」

她直言，殯葬業的工時長壓力又大，常得半夜接電話或熬夜工作。時間一久，很多人身體吃不消。

她也看過很多同行，因為早年錢賺得多，選擇及時行樂。賭博、貪杯、上酒店樣樣都來，最後晚景淒涼。

近幾年，殯葬業的競爭日益激烈，某些新進的美容師為了搶生意，會誇大自己的表現。甚至有人為了吸引關注，公開把遺體的照片放上社群媒體。

「那是亡者的隱私，這樣的行為很不好。」李安琪搖頭說道。

她總是勸告想入行的年輕人，要心懷敬意，別只抱著想賺錢的心態。

「很多東西是錢買不到的，況且現在殯葬業錢也不好賺了。」她說。

就她觀察，很多資深同業都具有「看得開、無所謂」的性格。因為這一行要想待得久，必須有顆強大的心，才能面對日日上演的生離死別。

她感嘆地說：「心靈太纖細脆弱的人，真的沒辦法。你每天哭就好了，都不用做別的事。」

至於她自己，雖然個性稱不上大落落，也常覺得工作實在太累，但是，從無數逝者身上領悟的道理，讓她感受到自己的改變，更因此得到留下來的動力。

「我覺得圓滿的人生就是努力活在當下。做你自己，就能問心無愧！」

【人物介紹】

李安琪的專業化妝箱中，刷筆、腮紅、粉底、眼影、口紅一樣不缺地排開，在為客人梳理儀容時，也是專心仔細地輕撲脂粉、描繪彩妝，唯一不同的是，服務的對象是遺體。

第一次遇見她是在一個培訓場合，台上賣力講課的我，看到台下的她拚命地抄筆記。實作課程中，利用模型讓學員練習縫合及化妝時，發現她的手特別靈巧，下課後才知道她原本是位新娘祕書。

「老師，要怎麼樣才能提升自己的水準？」當她問我問題時，眼神中充滿對成功的渴望。

我告訴她：「有機會就主動找禮儀師，表達自己願意幫死者免費化妝，這樣就有很多實作機會，無形中技術自然會變得純熟完美。」

曾經有一位鼻咽癌的老榮民過世，半張臉都被病菌吞噬不見了，家屬並不奢求能夠還原生前的面容，只希望將缺損補滿就好。當天邀她前來協助，為修復好的臉部進行磨平及化妝，完成時家屬激動不已，哭著說：「爸爸回來了！」

李安琪常說：「家屬的一句話對我而言，就是很大的肯定！」相信，能為亡者及家屬留下「美好的最後一面」，就是她繼續前行的動力。

放感情就不會怕

受訪人：王天華／江蘇海潤城市發展集團副總經理／中國殯葬協會殯儀委副主任

熱愛殯葬業很奇怪嗎？

近三十年過去，直至今日，王天華對殯葬業的初心仍潔淨如昔。像戀上一個人，盛情滿溢，卻無法明說愛的道理。

「我身邊的許多人都覺得很奇怪，殯葬業有什麼好熱愛的？這感覺就是對某件事鍾情，很難說怎麼來的。」他笑得靦腆。

一九九二年王天華參加高考，收到錄取通知書後，根本連民政學校在做什麼都不知道，就茫茫然地，從江蘇坐了很久的車抵達重慶。

這一去，人生輾轉幾個省分，從民政局公職走到殯儀館前線，看盡半甲子殯葬業秋冬，從無知懵懂到身經百戰，如今，更獲肯定任江蘇海潤城市發展集團副總經理，分管殯葬板塊。

這一切，都源自於愛。源自於一份對志業、對人本關懷，澎湃到無法盛裝的熱情。

你服務的是人還是物品？

華人社會裡，面對死亡與未知，有著深不見底的恐懼，越是害怕、越是忌諱，對於處理死亡的殯葬業也就越避之唯恐不及。

王天華感慨，即便死亡是人人必須面對的事、每戶每家最終也都需要殯葬服務，但死亡的禁忌包裹著恐懼，民眾對殯儀館的改建誓死反對，不願生活圈裡有殯葬服務映入眼簾。

家裡辦喜事的人家面對殯葬從業人員，無論彼此關係親或疏，都像是怕身上沾染晦氣般，極欲快快刷去，別有任何牽扯。

「我自己也是平凡人，不是天生就大膽，接應血淋淋、破碎的遺體時還是會害怕。一個人出差時，晚上睡覺都會開燈、開電視。」王天華笑著透漏這個小祕密。

但他認為，「克服恐懼」及「消除別人的恐懼」是殯葬從業人員的基本責任。

除了以技術層面修補遺體的殘缺，在心理建設上，他把所有往生者當成自己的親人、加以尊重。

「你想，為什麼對親人的遺體，就不會恐懼呢？答案就是，只要加入感情就不會害怕。」

「放感情」是消除恐懼的入門功課，他常對職工提問：「你覺得遺體是物品，還是人？如果把遺體當成垃圾，那它就是垃圾；如果放感情對待遺體，處理遺體的態度就會有所不同。」

然而，並非每個人都能夠「放感情」來對待和自己非親非故的往生者，對更多人來說，處理遺體就只是一份養家糊口的苦差事，心中仍是充滿嫌惡和無奈的。

王天華表示，員工搬運遺體時，假如出現晃動、碰撞的聲音，總會讓他心裡很不舒服。

「如果祂是我的親人，聽到這種聲音是不是會很難受？」

「換位思考」是他努力實踐的準則，也希望殯葬人員能夠放在心中。

也許這樣的努力只是螳臂擋車，堅持再久都不見得有顯著成效，但他依然昂首向前，以身作則，相信有一天蝴蝶效應能夠開展，改變整個殯葬生態。

殯葬無小事

雖然努力「換位思考」、「以人為本」，但面對一年近四千次的送行儀式，殯葬人員與時間賽跑，張羅一次次離別，撤場、再布置下一場，總會出現倦怠與疏失。

然而，對喪家來說，每場告別式卻都是無法再重來一遍的「一期一會」。

在治喪期間，喪家都處於「非正常理性」階段，不管受到什麼刺激，都會把事情放大。

「殯葬無小事」是王天華最深的體會，沉浸於悲傷的人，情緒就像一顆被擠壓、飽滿的氣球，只要一根細針輕扎，便會轟然引爆，更可能引發連鎖效應。

尤其火化場得遵守時程，容易生出大小糾紛，殯葬人員必須時刻繃緊神經，隨時解決家屬情緒，應付任何要求。

有一次，殯儀館員要推逝者大體準備火化，卻在忙碌中，不慎將兩戶喪家的遺體交互推錯，雙方因此發生嚴重爭執。

家屬不願意接受金錢賠償，盛著十萬句對不起也無法熄滅的怒火，霸佔廳堂，拒絕將親人遺體火化。

為了讓事情善終、殯儀館作業順暢，王天華知道，喪家要求的是最慎重的精神賠償，於是交出自尊，當場向逝者大體雙膝一跪、磕頭道歉。

喪家自知，館長都出面了，對家屬已是最大的交代，也放軟態度，讓告別式順利完成。

「跪下道歉不委屈嗎？有必要做成這樣子嗎？」別人問他。

「那能怎麼辦？我是館長，當然要負起責任。必須在最短的時間內把問題解決，不然後面的大體都不用燒了。」他平靜地述說著自己的心境。讓喪家「圓滿」、不留遺憾，就是他最大的心願。

陪自己最後一程的人

在職場上，王天華看遍人生百態，每一場生命的終點戲，各自有著不同的樣貌。

生前與家人情感濃厚的，告別式上，家人淚水流得真摯，更可見到家屬的心緊緊凝聚，互相依偎打氣、共度悲傷。

生前與家人情感不睦的，則又是另一番風景。家屬像是承擔不得不的責任般，告別式上只有無奈和不耐煩。

當生命走到終點時，會希望是怎樣的結局？又會希望，是誰在身旁陪著自己？這些疑問，隨著王天華與妻子的感情每況愈下，越是頻繁地浮現在他的腦海。

「有一天，我突然對未來感到害怕。」

隨著年紀漸長，看著父母親開始衰老、需要人看顧。他反觀自己，若有天老了、病了，會有人照顧嗎？會有人願意攙扶他、陪伴他嗎？

越是揣摩未來的模樣，就越是害怕明天的到來。

王天華對現況了解通透：「我太太是照顧不了我的，沒有感情，照顧就變成責任，不是心甘情願做一件事，情況會變得可怕。」

儘管如此，他依然在乎兒子的感受。在開口提離婚前，特地開車前往南京師範大學，想知道兒子對父母離婚的看法。

「你們這樣，分不分開有什麼區別嗎？」

兒子的答覆像帶著糖霜的利刃，劃開捆綁心靈許久的繩索。

「爸，你們得活得更加自信一點。」

兒子的字字句句深深刻進王天華的心裡，多年來被緊緊壓住的、抑鬱的人生，在潮濕的眼眶中逐漸暈開、淡化。

他坐在車內，眼神望向窗外。夜好黑了，但黎明也終將來到。

在殯葬業待了許多年，看盡人間來來去去，王天華自己的人生好壞也兜轉過好幾回。

現在，他更懂得順應天命生活，認真活在當下、把握每一個時刻，不讓後悔發生。

現任妻子是他的初中同學，兩人的重逢如偶像劇般浪漫，進而走到相知、相守，攜手相伴至今，甜蜜依然如昔。

「人與人之間就是緣分問題。」王天華淡然地笑著說。不論是為亡者送終，或迎向新生命、新人生，世間所有的相遇，都是難得的緣分。而我們可以做的，就是擇你所愛、愛你所擇。

努力可以改變很多事

王天華一心想改變中國的殯葬生態，卻苦於好夥伴難尋。和黃石殯儀館館長張慧，以及我的團隊相識之後，讓他有了堅強的後盾。前進的路上有知己相伴，使他不再感到孤獨。

我們發現彼此都有同樣的理想，那就是希望提升中國的殯葬文化。自此，三人的關係更從同好，轉變為一起舉辦培訓的工作夥伴。

我們與幾位團隊成員一起協助中國殯葬協會進行業務技能培訓，課程內容囊括殯葬花藝、遺體防腐整容、殯葬禮儀等，也各自在擅長的領域傳授經驗。

「楊老師負責遺體整容的部分，也兼任殯葬花藝課程。我主要負責組織培訓工作，以及殯葬禮儀課程。」

透過彼此的專業，讓一加一大於二的力量，影響更多人。

雖然三人有志一同，但共事總免不了摩擦。

「我們有時候也爭吵，楊老師脾氣很拗，但為了讓事情順利進行，我們很快就會達成共識。」王天華笑著說。

他認為，舉行培訓課程能夠大幅提升殯葬文化，尤其與海外團隊的交流，更能夠學他人之長、補己之短，藉此開拓視野。

「例如告別式的花台布置，以往只會插滿大量的鮮花。上過楊老師的課後，才明白台灣花藝師會先以鮮花勾畫出線條，再以葉子打底，竟能插出不同的立體圖案。」

在這充滿挑戰的道路上，王天華慶幸緣分將自己和志同道合的戰友牽引在一起，共同對抗追夢的孤獨，對此他感激不已。

熱愛殯葬業如昔

近幾年，隨著社會風氣開放，民眾逐漸放開心胸，接納生老病死即人生。

但殯葬業者的地位，是否有因此而提升呢？王天華認為，這需要民眾與業者持續相互努力。

「我從事殯葬業的目的，就是提升社會對我們的看法。上級領導說，要讓民眾對殯葬業者高看一眼、厚愛三分，但我並不認同這個想法。只要社會、民眾能夠平等對待我們就好。」他說。

三十年來，他將無以名狀的熱情全數傾注於殯葬領域。近年來，他所任職的海門殯儀館不斷投入新穎的設備，人本關懷及高品質服務也屢次受到國家肯定，成為喪家最仰賴的專業送行者。

「熱愛殯葬業很奇怪嗎？」這是王天華長久以來的困惑。

即便過了這麼多年，他依然說不出自己「為什麼愛」。只是傻呼呼地，像追逐夢想的少年，持續奔跑向前。

有些疼痛、有些累，卻幸福滿溢。眼裡的熱情，就跟當年一樣，閃閃發光。

【人物介紹】

二〇一五年七月，第一次以台灣觀察員身分受邀，到「遼陽」參加中國殯葬協會的活動，當時王天華館長就坐在我正前方。因為身分敏感，我特意保持低調，誰料他一知我來自台灣，竟說：「既是法醫又是教授，為何還會想自費來參加活動？台灣殯葬業不是超前我們很多嗎？」我對他的第一印象是：「這人也太直接了！」然而幾天相處下來，卻能感受到他的熱情與率直。

同年九月，在「高密」擔任遺體處理班的講師時，與他再次相聚，有了更進一步的互動，爾後隨著培訓次數的增加，彼此也越來越熟絡。王天華是很有自己想法的人，面對問題從不掩飾、直接表達，每當見解相左時，總會說：「你這想法在中國是行不通的啦！」但只要有耐心地加以說服，他就會立刻服軟並全力以赴。別看他一臉酷酷的模樣，私底下對待朋友可是心思細膩又溫暖。這幾年一起推廣殯葬禮儀、花藝及修復培訓，不管是在課程規劃或行程安排上，他都很用心地關照台灣團隊。

二〇一九年七月到「博興」，是疫情前最後一場花藝培訓。知道他有痛風的毛病，我特別叮嚀他為了健康要少喝點酒。但只要幾個老師一聚，他總是以「酒逢知己千杯少」為藉口，又忘情地喝了起來。很高興新婚後，愛情的力量使他戒掉豪飲的壞習慣，為解除老友的掛念，還會不定時分享出醫院的體檢表，這也是他一直以來的真性情。

轉角人生的視野

受訪人：廖瑩枝／立德葬儀社負責人／ＣＲＴ教育訓練團隊修復師

離開托兒所進入道士世家

「如果知道先生會做這行，當時一定會更慎重考慮。」廖瑩枝說起四十年前的往事，笑說自己是被先生騙回家的。

當時她是托兒所的幼教老師，先生則是娃娃車司機，由於對方個性憨厚且喜歡孩子，再加上同為異鄉遊子，很自然就變成彼此的依靠。原以為婚後的日子會像自己所嚮往的那樣平凡地過，直到有一天先生想搬回老家繼承家業，他們的人生也因此變了調。

「老公家是麻豆頗具名氣的道士家族，雖然婚前就大約知道，但畢竟我們在台中生活，也沒有太深入去了解他們。」

剛搬回麻豆的廖瑩枝都在家顧小孩，其實不是很清楚先生在做些什麼，直到先生正式接管家業，這才恍然大悟，原來他們家從事的是殯葬儀式中的黑頭道士，俗稱「師公」。

「以前只要看別人家門口搭棚子，都會繞道而行。或許是從小聽太多鬼故事，所以對這個行業印象不是很好，有一種讓人敬畏的神祕感。」從她仔細琢磨用詞的樣子，就能感受到當年受到的衝擊。

原本天天面對的是歡樂陽光的托兒所，突然身處於悲傷隱晦的殯葬業，雲泥般的心境變化，讓她甚至考慮帶著孩子回到台中，遠離這份無奈與不甘。

「後來娘家的媽媽勸我，老公做殯葬業一樣是賺錢養家、不偷不搶，何必在意別人？」知女莫若母，母親的一句話戳破了廖瑩枝最難啟齒的心結：不知該如何面對周遭異樣的眼光。

從此，她一改過去對殯葬事業的消極與被動，心態慢慢調整之後，少了許多負面情緒。沒想到從不同角度看待事情，竟能化疲憊為動力與熱情。

苦心學習，成為家族領航員

現代的殯葬業經營模式已和過去不同，傳統的殯葬人相當辛苦，死亡無法預約時間，每一種儀式又必須配合良辰吉時，無論晝夜城鄉，二十四小時都得隨時待命。

雖然先生希望廖瑩枝在家帶孩子，但她每每不捨他獨自辛勤奔波，便一邊照顧家庭一邊學習糊紙屋（紙紮），希望減輕先生的工作負擔。

「農業社會傳統的手藝多是靠師徒相傳。我的個性比較好強，師傅教的我晚上回去一定做筆記，本來要三年才學得會的，幾個月後就學成出師了。」

或許是領悟力高，每次看完老師傅的手法，廖瑩枝回家便能依樣畫葫蘆，甚至做出不同的樣式。

「別說紙屋，就連配電及飾品都是無師自通的！」她一邊說，臉上一邊綻放出自信的光彩。

為開源節流、增加獲利，有時還是得提起膽子到喪宅幫忙。由於兒子還小，只能揹著進進出出，在會場張羅大小事務。許多婆婆媽媽見狀，紛紛心疼地對老公說：「你真的是娶到一位好媳婦啊！」

孩子上國中以後，廖瑩枝更是全心全意投入工作，對她而言，原本既神祕又排斥的行業，卻成了中年轉念的新體驗。

她總是仔細觀察每一位老師傅的動作，回家後一再反覆練習，在筆記本上密密麻麻寫下每個小細節。現在的她已然成為家族的領航員，不管是遺照挑選、訃聞製作、治喪流程、大體處理、進塔土葬等事宜，都早已駕輕就熟。

「老公雖然是稍有名氣的道士，但還是要乖乖聽我指揮。」她的笑意中泛著淚光，訴說的是熬過三十個年頭的真功夫。

跨越與遺體之間的距離

雖然為了幫老公分攤家計而投入殯葬業，但初期廖瑩枝堅持不碰觸有關大體的工作，因為實在太恐懼、忌諱了。

即使這類工人難尋且開價益高，她依然無法說服自己跨越障礙。

然而，她與屍體的第一次接觸完全是個意外！

「老闆娘，歹勢啦！高速公路有車禍，我們被堵在車陣中，怎麼辦？」

有一次到喪家幫忙，負責換衣服的工作人員出了狀況。在傳統習俗裡，入殮是相當重視時間的。

「怎麼辦？這下可是會出人命的啊！我只好硬著頭皮下海處理屍體了，當時腦中真的是一片空白！」廖瑩枝回憶道。

一般人穿脫衣服很容易，但面對屍體除了要克服心理上的障礙，還要應付許多問題，如屍冷、屍僵、腐敗等，當中隱藏了許多技巧，並不是只靠蠻力就能完成。

個頭嬌小的她描述著當時的情景：「那位女性死者的體型整整大我一倍，雖然知道如何擦大體及換衣服，但實在是太壯碩了，根本沒力氣幫她翻身。最後只能懇求兩個子女從旁協助，雖然好生尷尬，但也總算完成入殮的儀式。」

有了這次特殊經驗以後，說也奇怪，她對大體的恐懼與陌生竟然消失了。

廖瑩枝曾經幫一位年長女性化妝，對方是因肝癌而過世，整張臉非常枯瘦且嚴重泛黃。由於入殮時間緊迫，又找不到家屬溝通，只能憑自己的感覺來操作。

此時她腦中出現一個念頭，如果躺在床上的是自己的親人，會想怎樣裝扮這張臉？就這樣，她順利地將儀容整理好了。

沒想到死者的兒子看完以後，大叫了一聲，立即轉身離開。廖瑩枝心裡著急，擔心是不是把老媽媽給化壞了？

原來他是跑到房間，拿出媽媽生前的相片，含著眼淚說：「現在這個樣子，總算跟媽媽一模一樣了！」

在地方工作多年，服務的對象多半不是陌生人，往生者生前化妝的習慣、常梳的髮型、頭髮喜歡染的顏色，早就深植在她的腦海中。

「化妝要讓家屬們滿意，並不是只要把顏色補上或畫得漂漂亮亮的就好，而是要讓祂感覺像生前的自己。」

就像九十幾歲的老人家，臉上的斑紋如果全部蓋掉，看起來反而不自然；又或者男性化了濃妝反倒顯得突兀，這時只要簡單補個口紅、刷一下眉毛就行了。

「長期累積的經驗告訴我，盡可能讓遺體重現生前的樣貌，就是對家屬最好的悲傷輔導。」

漸漸地，廖瑩枝從接體、淨身、穿衣做起，再進階到化妝、修復及縫補，她感覺「祂們」變得跟自己更親近了。

「或許是自己心境上的轉變，現在我會希望看到祂們都能圓滿地走完人生旅程。」

盡力扶持後進的麻豆一姊

「喪葬業跟其它服務業不同，如果做不好或做錯了，是無法『重來』的。麻豆業者給我取了個綽號『小辣椒』，可能認為我工作時態度很嚴謹，對員工的要求也格外嚴格，加上心直口快的個性，就連家屬都會認為我是很強勢的女漢子。」

就是這份嚴謹讓她在地方上做出好口碑，就算現階段越來越多人將身後事交給大型集團處理，但她的公司依然屹立不搖。

「現在如果不是熟人特別要求，我通常都不會上場化妝，不是我架子大或價位高，而是想把機會留給年輕人。其實他們的想法及做法都不比我差，只是苦無機會表現，多給他們一些機會也能達到傳承的目的。」

或許是拜科技所賜，殯葬業已經不像過去那樣神祕了，人們只要動一動滑鼠，就可獲取相關資訊，因此，這個產業開始變得透明，加上學校及企業有系統地培育人才，自然吸引許多有興趣的年輕人加入行列。相較於以往靠師徒相傳才能熬過來，現在的學習環境確實友善太多了。

問她擔不擔心「麻豆一姊」的地位被取代？她突然笑得很大聲。

「那我可是求之不得啊！我多希望兒子女兒能早點承接家業。我都工作三十幾年了，總該留點時間享享清福吧！」

此時，電話突然響起。透過視訊，她的眼神變得異常溫柔。

「金孫耶，阿嬤接受訪問，晚一點就回去，要乖乖聽話……知道嗎！」

我似乎看到她未來的退休生活，享受著含飴弄孫時的溫馨畫面了。

【人物介紹】

二〇〇一年受邀到台南殯葬工會演講。當天是習俗上的好日子，很多人都無法前來，大禮堂變得冷冷清清的，聰慧機靈的廖瑩枝提議將演講地點移至休息室，技巧性地化解沒人來的尷尬。我與其他六人採互動教學的方式，除了既定的內容之外，學員們亦可提出目前最迫切想知道的事情，上課氣氛相當熱絡。我記得當時廖瑩枝所提出的、殯葬人面臨的困境，就是下一代不願意接班的問題。知道她兒子就在現場，我便以老師的身分趁機引導一番，很意外竟說服了她的兒子，使他心甘情願地回歸家族事業。

兩年後受華梵大學台中推廣部邀請，開設遺體修復與美容課程。當時很少有類似的課程，她知道後便報名參加，希望透過學習，幫助往生者以最好的面貌走完人生旅程。在那個沒有數位相機的年代，她會把作品用相紙沖洗出來，下課時拿出來與大家討論。為了感謝老師們的指導，也會為我們準備點心與小禮物，雖然有些「老套」，卻是她最坦率表達感謝的方式。

二〇〇七年陸軍６０１旅 UH-1H 直升機墜機，團隊受軍方請託協助修復。由於事件造成八名高階軍官死亡，全旅陷入愁雲慘霧，我們婉拒了國防部的表揚儀式。二〇二〇年陸軍６０１旅 OH-58D 直升機又在演習中墜毀，軍方再次尋求團隊協助，昔日ＣＲＴ老班底就只剩下廖大姊了，她仍義無反顧地參與這項任務。結束後軍方特別頒發感謝狀給每個人，這張遲來十三年的感謝狀，似乎成了她退休前最美的回憶。

人生晦暗處透了點光

受訪人：廖双台／玄奘大學兼任講師／竹易生命禮儀社負責人

從負兩千萬元開始的起跑點

如果人生四十才開始，廖双台整整遲到了十年才出發。

三十幾歲背負的兩千萬債務，近一兩年終於還清；一手經營的生命禮儀社，現在大學畢業的兒子也準備接手。

年過半百才重拾人生主控權的他，淡然揭開故事篇章：「其實這一天可以更早到來，如果當時沒有那麼衝動的話。」

廖双台十六、七歲就出社會，拿著廚師證照跟著師傅到宜蘭工作，在一間飯店酒吧當調酒師。雖然穿著時髦的工作服，但調酒的雙手卻沒有年輕的朝氣，風霜紋路就刻在手掌上。

「我什麼工作都做過。我爸爸過世得早，家裡窮，我又不愛念書，只能出去賺錢。」

窮苦人家為過日子追著錢跑，他開始在新竹夜市擺地攤，賣大腸包小腸、蜜地瓜，還首創夜市最夯的「套圈圈得獎品」遊戲。無奈政府把地收回，小本生意只能黯然收攤。

不過，廖双台並不氣餒，退伍後摩拳擦掌重新踏入社會。看著自己的好友穿著體面，在成衣業闖出一番成就，他沒有多做市場調查，就承租店面開起了舶來精品店，進口要價上萬元的義大利名牌服飾、精品。

「我覺得做生意比較容易賺錢啊！就一頭栽進去了。」

當時成衣的進貨方式並非依訂單進貨，而是先進貨再慢慢賣出，貨品全數以現金交易，龐大的資金流轉於上下游廠商、店面、工廠，商人們從中獲取利潤。

可怕的是，市場瞬息萬變，廖双台進場時已屆成衣業逐漸衰敗的時期，大批貨物賣不出去。

「進價一萬元的衣服，連一千元也賣不出去，秤斤賣都不一定有人要。」

三十出頭的他深陷巨大風暴，開設的成衣廠周轉不靈，支票無法兌現，資金全部卡死，向朋友借了十幾萬，又借朋友錢，彷彿在深淵裡來回。

焦頭爛額之際，台灣民間正興起高利率、高風險理財的風潮。這股潮流侵襲著人民甘於踏實的心，大家抱著致富夢跟進互助會，跳進簽賭、炒股的迴圈，像一步險棋，不是大好便是負債。

那時，倒會跑路、簽賭被捕、炒股失利的新聞日日喧囂。廖双台原以為人生已至谷底，沒想到還有最後一哩，而這一哩輕易就抵達，不費吹灰之力地讓他重摔在地。

「我被倒會了，前前後後欠了快兩千萬。」他說。

欠債跑路時有所聞，尤其兩千萬鉅款，沒跑路也剩爛命一條、任人宰割，但廖双台卻選擇直接面對。

因為自己也被倒會，他非常了解債權人的心情，一一向債權人道歉並商談債務問題。

「自己造成的問題要自己處理，不能拖累家人，而且跑到哪裡都一樣要生活，何不在最熟悉的環境努力？逃到陌生環境不一定有資源可以運用，資源還是會在最熟悉的環境裡。」

他誠懇的態度最終也獲得債權人的諒解。

背著兩千萬債務四處工作還債，廖双台幾乎什麼工作都接，布置靈堂、開花車、告別式會場布置收拾。即使原先工資行情價五百元被老闆惡意壓到三百元，他也搶著做。

「人家不做的事我就去做，熬夜賺個五百塊也很高興。」

當時鄰居家的禮儀事業正要擴大經營，他本著多一份工作就多一份收入的想法加入股份、共同經營，隨後成立了自己的生命禮儀公司，開啟了他的殯儀事業。

所謂生命禮儀，一面要為亡者善終，一面還要關照生者面對死亡的不知所措。同時面對生死兩極，就像踩在不穩固的鋼索上，稍有不慎，負面情緒就會全面襲擊而來。

不過，廖双台並沒有落入這樣的陷阱，他摒除了過多的情緒干擾，一心想著還債、拚命幹活。

但他也不是工作機器，反倒是帶著過來人的心情，經常為生活困苦、弱勢的族群保留工作機會，柔軟接納所有接續的故事。

讓不定時炸彈安定下來的善意

「碰！碰！碰！」倉庫傳來巨大的撞門聲，廖双台夫婦與員工阿雲正在吃晚餐。

阿雲是名逃逸外勞，遭遣返後再嫁來台灣，卻遭受丈夫家暴，常常才一夜過去，就鼻青臉腫地出現在市場買菜。後來丈夫罹癌，她也很認命地負擔醫藥費，直到精神與經濟上都支撐不住，才跑來找廖双台夫婦幫忙。

他們於是吸收阿雲為員工，請她協助插花、布置等工作。

只聽撞擊聲越來越大，像是要把鐵門撞破了。

「老闆，怎麼辦？」阿雲驚恐地牽起老闆娘的手，躲到角落。廖双台趕緊衝向倉庫，鐵門一開，只見四、五名黑衣男手持棍棒來討債，一問之下，才知道是因為員工阿強負債累累。

阿強離婚後要扶養三個孩子，還有一個生病的老爸，本身又有吸毒、酗酒的習慣。廖双台心想：「如果不幫他，他的家人要怎麼辦？」於是鼓起勇氣請債主到公司來坐坐。

「欠債就是要還，不然人肉鹹鹹啦！」債主氣焰衝上天，但廖双台毫不畏懼，以過往和債主商談的經驗，替員工「喬事情」。

「大哥，盜亦有道，你也是想把本金追回來。但你整天追他，他就沒有精神工作，沒工作你就追不回這筆錢。」廖双台說。

「所以是怎樣？不用還了嗎？」債主如凶神惡煞般大吼著。

「我承諾他在我這邊工作，每個月薪水扣一萬塊撥還給你。本金有償還，利息大哥就不要跟我收好嗎？」

看廖双台有誠意，債主終於肯坐下來好好談，雙方最後也達成協議。

後來阿強因為吸毒案子入監服刑，出獄後再度回到禮儀公司工作。有人曾勸廖双台，阿強是顆不定時炸彈，不如早點讓他離開公司。但廖双台認為，他離開公司也會成為另一個社會問題，自己還有能力就盡量幫助他。

「阿強，你這次出來要把壞習慣改掉，不要再喝酒吸毒。」阿強輕輕點頭，雖不言語，但眼角微微閃著淚光，至今仍踏踏實實地替廖双台工作。

宛如「深夜食堂」般的禮儀公司

「双台，你那還有缺人嗎？我孫子小胖子啦……」

老奶奶是廖双台的鄰居，長年為孫子的未來擔憂。小胖子有學習障礙，找工作處處碰壁、備受欺負，連最低工資的保障都沒有。

「沒關係，叫小胖子來我這邊試試看。」

不捨老奶奶七老八十還得為孫子的工作鞠躬哈腰，廖双台決定給小胖子工作機會。

他善盡勞方的責任，給付基本薪資、勞健保，外加午餐加給，也盡可能教會小胖子工作技能，即使小胖子時常偷懶，也只是念個幾句，並沒有放棄他。

「我從來不會開除員工，除非他們告訴我有更好的發展，那我會祝福他們。」

夫妻倆還會替老奶奶看管小胖子的身體健康。

「像告別式後的飲料塔，他常常拿來當水喝。我念他不是因為小氣，是他太胖了，不能這樣一直喝。」廖双台像個老爸般苦口婆心，盡心照顧小胖子。

然而，小胖子還年輕，心也還不定。一天老奶奶來找夫妻倆，坐了半天卻支支吾吾、難以啟齒，原來是小胖子受高薪誘惑，欲離開公司。

老奶奶不停道歉，也感謝廖双台給予外人眼中「不正常」的孫子「常人」的對待。她至今仍經常到禮儀公司來幫忙打掃，以表示最深的謝意。

因為過往辛苦的經歷，廖双台的殯葬事業像極了深夜食堂，他的善心就像一碗熱呼呼的湯麵，經過的人喝下肚，便暖了心腸。

人生五十才開始

廖双台從一個高中沒畢業、只想著賺錢的年輕小夥子，到後來做生意背負兩千萬債務而面臨絕境，在這段過程中他勇敢面對困難、一步步踏實地往前走，最後不僅脫離債務枷鎖，還拿到碩士文憑，更是兩岸三地最火紅的花藝師。

這一路的轉變最令他感到欣慰的，不是名氣財富，而是家人的認可。

「我從無到有，再到能夠幫助別人，我的親戚朋友都看在眼裡。以前在家族裡我是最被看不起的，直到近年堂哥跟我說，你現在是家族裡最優秀的人才。」

這句話消弭了三十年來與家族之間的疏離，更安慰了一路默默努力的寂寥。

「人生繞了一大圈，錢還完了，又回到原點。」廖双台有些感慨，偶爾也想著那些「早知道」。

「早知道那時候當兵我就簽下去，現在可是公務人員了呢！」

而下一步，除了培訓兒子接班生命禮儀社，還計畫買新房，當個有殼蝸牛。

他自嘲：「五十歲才買房會不會太晚？」帶著靦腆的笑容，眼神閃爍些微光芒，他自問自答著：「應該不會，人生五十才開始。」

【人物介紹】

當年在仁德醫專生命關懷科任教時，廖双台是在職二專部的第一屆學生。有別於其他人的入學方式，他是以「中餐丙級技術士證照」同等學力進來的，沒受過正統的高中職教育。當時很擔心他會跟不上進度，結果兩年後不僅順利畢業，還插班到玄奘大學，最後順利從「社工所」畢業。問他是哪來的毅力？他說：「因為工作時遇到不少新住民、原住民及弱勢家庭，希望能從書本中找出具體的對策來幫助他們。」

記得有次帶學生到宜蘭校外參訪，我跟廖双台為了方便，選擇離新竹最近的交流道等遊覽車。由於地處偏僻，附近根本找不到商家。他知道我有早起喝咖啡的習慣，主動拿了一瓶罐裝咖啡給我。我笑著說：「我只喝沖泡式咖啡。」不料上車後受不了咖啡癮作祟，只好到他座位旁對他說：「咖啡還是給我吧！」就這樣因為咖啡而建立起友誼。

現在的他，不僅在業界有自己的一片天，還與幾位老師共組「CRT（遺體修復）專業團隊」，經常跟國內、外人士進行交流。二〇一五年中國殯葬協會找我幫忙，想在冷冰冰的告別會場上增添點溫度，跟幾位團隊老師討論之後，決定把廖双台的專業「花藝」拿出來推廣。超過六百個學員、一百家殯儀館，都曾經上過他的培訓課程，他顯然已成為大陸殯葬界最知名的花藝老師。

家人看到我每次都找他到海外上課，不免好奇地問：「這麼多老師，為什麼對他特別好，也最信任呢？」或許是他扛起債務、選擇面對的勇氣，讓我對他產生了敬重及信任吧。

將生命無常化為人間最美風景

受訪人：江宇強／玄奘大學兼任講師／CRT教育訓練團隊學術顧問

坎坷的尋路過程

「老公，到那個地方要好好照顧自己，不要擔心我們……。」

二〇二〇年，陸軍空騎601旅撞機意外，造成兩名軍士官罹難，遺體修復完成後，遺孀不捨地撫摸丈夫遺體，輕聲告別。

負責引導家屬觀看最後遺容的江宇強，紅了眼眶。

江宇強是601旅修復團隊的一員，也是喪禮服務乙、丙級教師，更是許多視障生經絡學及解剖學的老師。

踏入殯葬業前，他是光鮮亮麗的電視節目製作人、中藥行小開，人生歷經九彎十八拐以後，卻是在殯葬領域裡，散發出最亮麗的火光。

江宇強的父親是中藥商，家中經營中藥店，如果依普世價值來看，繼承家業是他最有前途的出路。

然而，他學的是觀光科系，想要學以致用，所以一面幫忙家中生意，一面考取導遊證照，帶團遊歷大江南北。

一九九二年時，與友人合資到大陸投資飯店，初次創業非但沒有賺進第一桶金，反倒因為對當地法律不熟悉，加上人謀不臧，慘賠了不少錢，最後只好回台另謀出路。

返台後，江宇強迎來人生的第一個轉折。當時姊姊在經營傳播事業，因此他也獲得了進入電視製作公司工作的機會。

「我這個人有個特點，對工作投入時會非常執著。我剛學剪接時，整天纏著製作人不放，每個禮拜都在剪接室待兩三天沒回家。」

滿滿的幹勁使他突飛猛進，最終被提拔為電視節目的製作人。

一九九七年，江宇強再次回到熟悉的中國，與恩師到東南衛視電視台製作節目，《銀河之星大擂台》創下當年全中國收視率前十名。

「這節目夯了五年，火紅程度連節目中的鼓手到市場買菜都不用錢。」

江宇強篤信是緣分的牽引，節目熱潮退卻後，原本想留在大陸繼續發展傳播事業卻苦無機會，他只好從熱鬧炫麗的螢光幕轉身下台。

「如果當時在大陸發展起來，後面的故事就會來個大翻轉！」他說。

誤打誤撞踏入殯葬領域

由於家中有四個孩子嗷嗷待哺，為了生計，回台後他放低身段擔任食品公司業務，以體力活辛苦養家。

幾經思考，他決定回歸家族老本行，為了更進一步認識中藥材，他重拾書本，念起書來，取得山東中醫藥大學針灸推拿學院碩士。

返台後，他投入盲生教學，為了取得所需的證照資格，二〇〇九年參加一場師資培訓課程，鄰座學員問他有沒有興趣進修殯葬學分？好學的江宇強一口答應，就這樣成為第一屆仁德生命關懷事業科的學生，也跟我結下了不解之緣。

由於擁有解剖學專業，他當起了我的助教，又因為打破砂鍋問到底的個性，教學相長之下，逐漸拉近了彼此的關係。

自生命關懷事業科畢業後，江宇強順利考取喪禮服務丙級證照，從未踏入殯葬行業的他，在同學們起鬨下，決定繼續報考乙級證照。

考試項目中，「殯葬司儀」最困擾他。江宇強笑說，那段時間，每天洗澡都拿著蓮蓬頭當麥克風，重複背誦長篇的司儀稿件，務必做到一字不漏且不能笑場，幾次還因為洗澡過久，老婆誤以為發生什麼意外。

高分考取殯葬專業證照後，江宇強常受殯葬單位請託，開班講授如何準備乙丙級證照考試相關課程，正式踏入殯葬領域，人生最精彩的轉折處，至此真正展開。

木門外的眼淚

「很奇怪，我年輕的時候就對屍體很感興趣，只要楊敏昇老師的團隊有修復的案子，再忙我都會趕過去幫忙。」

認真向上的求知精神，與凡事做到最好的態度，使我決定邀請他加入我所成立的「CRT教育訓練團隊」，他穩健的好口才，常常扮演起團隊與家屬間的溝通橋梁。

二〇二〇年，陸軍601旅發生撞機意外，兩名罹難軍士官因為強力撞擊，頭骨幾乎全部粉碎，面容殘破不堪。

「CRT教育訓練團隊」接下遺體修復任務，江宇強一看到毀損的屍體，難過得說不出話。

這些殉職軍官正值青年，年紀和他的孩子差不多，擁有大好的前程。

「沒想到才幾秒鐘的時間，突然就面目全非了。」江宇強回憶起修復時的情景，語氣中盡是不捨之情。

修復告一段落，他負責引導家屬觀看最後的遺容。

一位殉職飛官的遺孀，在檢視完大體後，對江宇強說：「能不能讓我單獨跟先生講幾句話？」

看著遺孀不捨地撫摸著大體，江宇強趕緊退出門外。但站在木門外的他，眼淚早在眼眶中打轉。

不求回報就是最簡單的幸福

在幾坪大的修復空間裡，江宇強受生命無常的洗禮，卻也真切感受到人世間最深的牽掛與感念。

「生命的打擊，不會因當事人處境已經很悲慘就停止。」他說。

曾經有一位年輕媽媽在嚴重車禍中喪命，猛烈撞擊下導致臉部變形，身後留下癌末的先生及四個未成年子女。大女兒讀高二，最小的兒子才國小二年級。

經過漫長的遺體修復手續，江宇強請家屬做最後確認。原本緊緊壓抑情緒的大女兒，看到母親的遺容便大聲說：「我媽媽的鼻子沒有那麼塌啦！」突然間，啜泣聲此起彼落，這群孩子們開始嚎啕大哭，場面令人鼻酸。

「我一句話都沒有說，選擇默默地陪伴他們，讓他們盡情釋放情感。當我很難過想哭的時候，也不想被別人打擾吧！」江宇強將心比心，只是靜靜地在旁等待。

「我非常喜歡ＣＲＴ團隊的風格，修復不是以金錢為主要考量，多半是抱著助人為樂的心情。有家屬會給我們錢，我們不是捐給慈善單位，就是用白包回禮給家屬。」能夠成為ＣＲＴ團隊的一員，讓他備感榮幸，不求回報的付出，就是最簡單的幸福。

透過視障按摩進行悲傷輔導

「我是拿死人骨頭教盲生人體構造的。」這番話聽來像黑色幽默，卻是江宇強二十年來在愛盲協會教導盲生經絡解剖學的堅持。

因為視障生看不見，通常只能藉由觸摸來增加記憶。他特別買了不同類型的骨骼模型，這些暱稱為「小白老師」的模型，是最合適視障生學習的道具。

教學二十年來，江宇強也看盡盲生的無奈。

有位視障生原先是科技公司的主管，眼睛出問題後便開始學習推拿，每次上課都強逼自己記下很多經絡穴位，希望快點考取證照。

江宇強好意勸他不要操之過急，學生卻無奈地說：「江老師，不是我太躁進，我只是想在自己還看得見的時候，把全盲後的生活先打點準備好。」

還有一對視障夫妻，雖然擔心黃斑部病變會成為顯性遺傳，還是抱著賭一把的心理生下孩子，但終究逃不過命運的束縛，孩子也有視障問題。

夫妻倆還是樂觀且自嘲地說：「如果我們都不生，那盲人不就絕種了。」

看似幽默的玩笑，卻是視障生血淋淋的日常寫照。

不管是南北奔波的導遊，或是絢爛光彩的媒體工作者，當年江宇強所做的一切，都是為了賺錢而努力。

直到跟這群視障生相處後，才感受到他們與命運抗衡的精神，也讓江宇強對生命有了更深刻的體悟與反思。

因為與視障生結緣，深知他們生存的難處，江宇強希望能從實際面替他們盡份心力。目前他正在規劃，讓視障生在殯葬儀式的等待空檔替家屬們按摩的計畫。

「辦喪事的當下，家屬身心靈都會遭受很大的創傷，讓視障按摩進駐殯儀館，不但能拓展視障生的就業機會，也能為喪家達到有形的悲傷輔導。」

九彎十八拐之後

看盡生離死別，五十多歲的江宇強原以為自己已將生死看得很淡，直到去年母親突然病倒，情況嚴重到必須插管送加護病房。

當醫生把放棄急救等文件擺在他面前時，他才感受到自己的渺小與無助。

「每次看別人簽文件時都覺得很簡單，等到換自己要做抉擇時，真是下不了手。」

幸好，母親身體逐漸康復，江宇強認為這跟自己默默行善，得到了上天的眷顧有關。

「人生不怕轉彎，就怕轉錯彎。」面對過往的人生轉折，他滿是感激。九彎十八拐後，他在充滿不確定的世界繼續前行，盡自己所能獻出點點火光，綴出人間最美麗的風景。

【人物介紹】

二〇〇九年，仁德醫專創立生命關懷事業科，我是發起人之一，也是第一屆在職專班的老師。課堂上，有一位看起來比我還要年長的學生，不只比班上同學更有活力，每當我在台上發問時，他都會熱心搶答，下課還會跟我一起討論醫學、解剖問題。他，就是江宇強。後來，我才知道原來他早就大專畢業，還在大陸拿到碩士學位。之所以會來進修，主要是想有不同領域的發展。

我帶領的CRT教育訓練團隊，成員多半從事殯葬工作，他一直很想加入我們，但畢竟修復不是一件簡單的事，如果要帶新人會花很多時間。有幾次，江宇強主動跑來看我們做修復，雖然他不是殯葬人，但對解剖和縫補卻很熟悉，還會適時提供修復上的意見。慢慢的，他就變成團隊的一分子了，由於他口才非常好，我索性就把第一線面對家屬的任務交給他。

這幾年，我們的關係變得緊密，出國時我都會邀他前往，一起上培訓課程、分享經驗，我時常請教他、徵求他的意見，他成為我很重要的顧問。在日常生活上，他也是我不可多得的心靈導師。我是很衝動派的，想到什麼做什麼，而他是深思熟慮型，每當我遇到生活上的問題，他總會用他豐富的生命歷練來開導稀釋我的不滿，我們自然越走越近，成為無話不談的好朋友。

棺材店長大的姊妹花

受訪人：雲林永興葬儀社總經理　廖秋佩／雲林永興葬儀社經理　廖秋青

繼承父志的「廖門女將」

在陽盛陰衰的殯葬業，大多是由男人負責衝鋒陷陣，女子當家實屬奇觀，姊妹聯手，更是少見。

洋娃娃款大眼高鼻梁，爽朗健談的廖秋佩，在家中排行老二，主要負責接洽家屬及喪家關懷。

含蓄寡言的廖秋青則是老么，負責治喪期間對家屬的叮嚀與協助，穩重勝似長姊。而真正的廖家老大遠嫁美國，未經手家族事業。

傳統上，殯葬業傳子不傳女，廖家父母膝下無子，三姊妹中，聰明善交際的廖秋佩被視為繼承者的不二人選。

但她自小看父母辛勞，不願淌渾水，高職畢業便離家，先後當過化妝品櫃姐、遊樂園工作人員、幼兒園老師，還考取保母執照。

嘗試過許多工作，她最終還是回頭，拿下這堂禮儀師學分。

「做這行沒分日夜，二十四小時待命，一通電話過來就要去接大體。」

眼見七旬老父身體日漸孱弱，仍要四處奔波操勞，她與妹妹因心疼父母挺身而出，姊妹一文一武，將差事辦得周全，彷彿殯葬業的「廖門女將」。

早早懂事的生意人小孩

儘管給予的陪伴不多，廖家姊妹卻都以父母為傲。父親廖秀雄連任四屆鄉代，還兼任國小家長會會長，是雲林二崙三塊厝的名人。

廖秋佩回想起小一那年，家裡裝潢出一排排貨架，她天真地以為：「咦，我們家要開雜貨店？」

隨著一具具棺木抬入，真相揭曉，同學們時不時會「虧」她：「欸～廖秋佩，你家開棺材店喔？」

童言無忌，廖秋佩的家從此成了遊樂場，趁大人不在，孩子們在棺材裡玩躲貓貓，十分緊張刺激，幸好從未被抓包。

「囝仔人，無禁無忌吃百二嘛！」她俏皮偷笑，回憶這段荒謬往事。

生意人的孩子懂事得早，姊妹深知父母辛苦，從小大姊給外婆帶、自己給奶奶扶養，妹妹則跟著爸媽東奔西走。放學餓了沒人煮菜，就自己拿肉鬆配醬油白飯，稀里糊塗搞定一餐，能吃飽就好。

廖秋佩依稀記得，有次全家好不容易湊齊，要去劍湖山玩，半路一通電話打來，請父親即刻去接大體，父親急匆匆地把三姊妹留在遊樂園以後，便揚長而去。

也曾因情況緊急，姊妹們被帶去車禍現場，支離破碎的畫面如夢似幻，勾勒出她們懵懂無知的童年。

認真回想與父母相處時的畫面，父親工作嚴謹、一絲不苟，媽媽責任心重、愛操心，十全十美在他們家不是口號，而是信條。

一般殯葬業主會將人力層層外包，但父親卻叮囑她們「什麼都要會」，從接體、會場布置、穿壽服到入殮等各程序樣樣得精熟，才能替顧客思慮周全，懂得家屬的需求。

穿著短裙、長靴的「土公仔」

九〇年代，土葬式微、火葬取而代之，乃至如今多元發展的樹葬、花葬等，老棺材店轉型成禮儀社，殯葬流程也細緻化成大體接運、靈堂設置、治喪協調、入殮、告別追思、火化晉塔安葬等繁複步驟。

長達兩週的治喪期，會讓人忙得不可開交，甚至有些感情融洽的鄉里親友，廖家所提供的服務會從臨終關懷做起。

十年前剛入行時，愛美的廖秋佩常穿著短裙、長靴出門，臨時接到案件趕赴案場，就被警察吆喝下去半個身體高的水溝抬屍。

「起初警察還不信，問我『土公仔』怎麼沒來？」廖秋佩沒好氣地回：「我就是！」

土公仔是早年旁人訕笑殯葬人的說法，隱含不入流的貶意。

律己甚嚴的父親兼老闆，也沒因是自家女兒就寬待一二。上班第一天，姊妹倆就要聯手幫一名體重超過自己一倍的大體老師穿壽衣。

「我當時是整個人趴到祂身上做事。」回想起這滑稽窘境，廖秋佩不禁咋舌。

那天一連幫三位大體老師穿衣梳理，老爸還無厘頭發問：「妳們的手怎麼抖成這樣？」

「不是啦，是『鐵手』了！」姊妹倆哭笑不得。

但最驚心動魄的一幕，是有次遭逢故友車禍，大體散落公路，面目全非、慘不忍睹，母女三人獲報，急忙趕赴公路撿拾四散的屍塊，並將祂重新梳妝打扮，留予世人安好的最後一面。

那夜，姊妹們不約而同地夢見那名朋友託夢言謝，夢中回憶霎時流瀉溫情。

生之哀痛，送先生最後一程

送行，這段漫長的哀戚，無人願意面對。再多的想像設防，都比不上真實一擊這般刻骨銘心。但這樣的現實卻發生在廖秋佩身上。

她與先生是初戀，相識在求學時代，愛情長跑七年後結婚，兒女雙全，幸福得很平凡。豈料，四年前先生久咳未癒，轉診到大醫院後才發現是第四期口咽癌。壞消息來得又急又猛，卻未能打垮夫妻倆，先生開始一邊化療、一邊工作的日子。

「他看起來神采奕奕，如果不主動說，沒人相信他生病。」廖秋佩也幾乎要瞞過自己，直到癌症轉移到食道、腫瘤阻礙呼吸，醫生宣判必須氣切保命。後來，病情急轉直下，先生住進安寧病房，一家老小輪班照料，長達半年。

這段時間廖秋佩沒睡過一晚好覺，在迷迷糊糊的清醒時分，她得用眼淚滋潤雙眼，才能寬慰疼痛。

先生的樂觀體貼，讓病房氛圍並不沉重，病得恍惚時，他還貼心提醒她：「別忘了幫護理師買咖啡！」以致病房裡的護士都特別喜歡他們。

然而，再開朗的人也不敵疾病的侵襲，最後一個月先生返家照護，白天由公婆輪流照看。從不否認自己愛哭的廖秋佩，卻不願在先生面前掉眼淚。

她搬到狹小的單人房，就椅而眠，以便夜裡能時時照顧先生。每天忙完返家第一件事，就是幫先生擦澡、消毒、換紗布。

每每偷哭，眼睛腫得像核桃般，隔日還要遮遮掩掩地戴口罩，以免被喪家看出端倪。

萬般不捨，先生仍是走了。或許見過太多走不出來的喪家，廖秋佩堅強到不可思議。

「必須堅強」是她親筆寫下的信條，先生去世後隔天起，她一連工作十天，藉由無止盡的勞累麻痺自己，直至出殯前方休。

之所以拚命隱忍，是因上有八旬高堂、下有青春期子女，在事業上更是中流砥柱。所以悲傷只能含蓄，無暇鑽牛角尖，為了讓年邁的公婆與父母寬心，硬撐，也要打落牙齒和血吞。

拜飯用肯德基可以嗎？

華人喪禮繁瑣、諸多傳統要守，只因處理的是死人，面對的卻是極度哀傷的活人。繁文縟節某種程度是寬慰活人，卻有千絲萬縷的糾葛。

以她們親身的經驗，白髮人送黑髮人要敲棺，習俗上是因會被老天懲罰不孝，在世父母護子心切，先略施小懲，盼老天從輕發落。

但現實中失去子女的悲痛難抑，怎忍心再敲擊棺木？廖秋佩記得，爸媽最後相擁而泣、泣不成聲，也不敲棺木了。

她也遇過九十二歲老阿嬤壽終正寢，家屬叮嚀，老人家生前飲食習慣特別，每日四餐，最喜歡吃肯德基當下午茶。

於是，拜飯便準備肯德基，雖因此被鄰居指責不成體統，她卻堅持老菩薩喜歡吃什麼，就拜什麼。

而習俗中媳婦負責「哭棺材頭」，來祭奠的賓客若是傷心落淚，媳婦聞聲就必須邊哭邊爬進靈堂，彷彿嚎啕聲越凶猛，越能表達對逝者的不捨。

更甚者，還有請孝女白琴來代哭的文化。對此，廖秋佩尊重習俗，口頭上則安慰喪家，逝者在天之靈，更願意看到家屬好好活著。

死亡凝聚生命，愛未曾離去

先生離世一年，在廖秋佩心裡，他卻未曾離開。她對兒女也不刻意掩飾思念。

「我問兒子：『爸爸應該會忘記我們吧？』兒子篤定地說：『爸爸不會忘記妳的。』」

灰飛煙滅的肉體，化作常相左右的靈魂，情誼雋永不滅。

廖秋佩欣慰地說：「我知道祂很好。」

她與孩子們共同失去摯愛，卻因此凝聚了家人之間的情感。

青春期的女兒正立定志向攻讀畜牧，剛入學的她總是興奮地分享今天解剖了什麼動物。

廖秋佩聽得心驚膽顫，看女兒為了割牧草雙手傷痕累累，仍堅強不抱怨，愛逞強的基因三代遺傳，令她不捨。

在殯葬業看盡世事無常，廖秋佩坦言，生死當前，換作是她也看不開。但人生就是如此，逝者已矣，下輩子太遙遠。她說，只能不斷向前看。

【人物介紹】

大家都說「台灣最美的風景是人」，這種好客憨直的人情味，在廖家兩姊妹身上顯露無遺。兩人之中，我先認識妹妹廖秋青。有回我在新竹演講，她非拉著姊姊秋佩大老遠從雲林開車北上聽課，演講完，姊妹倆還堅持要跟我合影，這張照片開啟我們日後的緣分。

她們性格迥異，一個安靜、一個活潑。廖秋佩特別喜歡PO照片，一日三餐、工作打卡，我看得津津有味，覺得她們真是一對寶。後來我只要去雲林上課，兩人一定堅持跟我約在高鐵站碰面，車站人來人往，兩人提著大包小包遠遠走來，像極了老母親，又是醬油，又是麻糬、蛋糕、餅乾等各式各樣的雲林特產，彷彿我不是要回新竹，而是要去孤島生活。

有一天，秋佩的臉書動態很反常，字裡行間滿是沮喪。我打過去關心，她才透露：「老公現在在急診室。」這幾年她先生癌症纏身，工作、家庭、醫院三頭燒，忙得無法喘息。去年仍不敵病魔過世了，我趕往雲林送行，見她紅腫著雙眼，卻不停言謝：「謝謝老師，讓您跑了一趟！」她的父母更是熱情，喪禮結束還不停留我下來吃飯。

多年來，我把她們當妹妹般，兩人接手殯葬家族事業後，我們經常在LINE互相鼓勵討論，聽她們講述對傳統殯葬做法的反思。兩位姑娘為人善良，還會主動幫忙經濟窮困的喪家，在我這個大哥看來，很是欣慰。

殯葬不是告別，而是生命的延續

受訪人：張慧／黃石殯儀館館長／中國殯葬協會殯儀委副主任

離開舒適圈，走入禁忌隱諱的世界

二〇二〇年伊始，任誰也沒有想到，一場疫情將席捲全球，撼動寂靜之春。

當眾人未意識到新冠病毒的嚴重性，身處殯葬業第一線的張慧，卻憑著多年經驗及武漢同業的資訊，繃緊神經嚴陣以待。

張慧任職的黃石殯儀館負責染疫大體的接運、火化及骨灰寄存任務，各環節都必須精細為之，稍不留神便暴露於染疫風險之下。

且不論工作繁雜，全天候站崗的疲憊、無法返家的煎熬，再再考驗她的心智。

此外，每次進出工作場域都需要噴灑消毒水，這也引發張慧全身過敏，臉部及四肢都浮腫了。

但她不喊苦，仍細心交代工作人員，將逝者視為親人，代替家屬為祂們一一獻花，謹慎恭敬，讓祂們有尊嚴地離開人間，同理感受家屬疫情期間不能親自弔唁的悲憾。

「世界和平是我人生最大的夢想！」乍聽遙不可及的願望，張慧卻字句鏗鏘有力，反復經歷生死、檢閱無數生命之後，她的悲憫情懷，比起一九九六年剛入殯葬業時更加深厚了。

沒入行前，張慧對殯葬業的理解，與世人一樣是簡略而粗暴的：「殯儀館就是火化人的地方，公墓也就是安葬人的地方。」

那一年，張慧剛入殯葬業，先是到黃石殯儀館財務室實習，兩個月後轉到公墓單位財務室擔任財務人員，日子平淡安定。

當時，世人對殯葬的觀念仍然傳統封閉、充滿禁忌隱諱，除非真正面臨死亡，民眾才會稍微「允許」談論。

然而告別式一結束，理解的通道又再度重重關上，若非親自走入殯葬領域，實難解開這忌諱又恐懼的枷鎖。

但在張慧秀氣恬靜的外表下，懷藏著鴻圖大志。比起成天與數字為伍，她更喜歡與人交流。

每日工作的產業有太多謎題待解，反覆思考後，她決心跨出舒適圈，到殯葬服務第一線從基層開始挑戰。

「女孩子做財務工作，穩定性高且較體面，很多人都想爭取，妳確定要轉調嗎？」財務室主管試圖勸說。

但張慧義無反顧，相信無論遇到再大的困難，自己都會堅持信念做下去。

後來她成功轉調到業務部門，爾後升任組長，帶領整個業務團隊。

殯葬業的核心是處理「人」的問題

真要探究，殯葬業如同尋常行業：以客為尊，客戶形形色色，鎮日繁瑣事務不少。若真要分辨一二，便是它比其他行業更需要謹慎接收客戶細微的情緒，並且立即做出適當回應。

由於家屬剛喪親，情緒比較不穩，稍有不慎就會像高壓鍋被掀開般，一發不可收拾。因此張慧深切提醒自己與部屬，無論是墓位安排、墓碑製作，還是下葬儀式，每個環節都要確實溝通，避免家屬和殯葬人員未達共識，而造成不必要的二度傷害。

「或許，該歸功於財務背景出身，我對於小細節特別敏感，更不怕繁瑣的任務和反覆溝通。」

她深刻體會到，殯葬的核心是處理「人」的問題。如何將客戶關係處理好，這是一門很重要的學問。

有一次，安葬儀式出錯，家屬情緒激動到幾乎要動手打人，喊著要找領導進行投訴、索賠。

當時領導不在，張慧只好趕赴現場，面對家屬的暴怒，她沒有退縮，反而耐心地傾聽他們的抱怨。

釐清是職工的過失後，她第一時間賠禮道歉，更主動向亡者鞠躬致意。

「無論客戶提出任何刁難的問題，都不能直接予以反擊。我們要用同理心，換位思考，如果發生在自己身上，會有什麼樣的要求？最需要的又是什麼？」

等待家屬發洩完怒氣，稍微恢復理智時，張慧再以最真誠的態度與他們溝通，理解到他們並非想要經濟賠償，而是需要更多的尊重和對錯誤的彌補。

不硬碰硬，而是發揮女性溫柔的力量去接納、傾聽，張慧的溝通能力與態度讓同仁十分信服。

她始終相信，誠懇的態度才能開啟彼此對話的空間。這樣的信念，也讓她在職場上面對難題時總能迎刃而解，成為她在殯葬業最大的續航力。

新官上任的挑戰

張慧對殯葬業始終充滿熱情，二〇一四年，她獲拔擢升任黃石殯儀館館長。然而，新官上任的第一個挑戰，就殺得她措手不及。

當時，殯儀館的禮儀與鮮花皆外包，但效果不佳、投訴率也高，上級領導認為收回管理才能有更好的服務品質，以維護黃石殯儀館的好口碑。

「但我不會做禮儀，也不會插花，要怎麼辦？」壓力爆表、極度煩愁的張慧，決定走出黃石，參訪各處的大小殯儀館及博覽會，尋求解方和靈感。

「博物館是保存有形資產，殯儀館則是延續無形價值，你們千萬不要妄自菲薄，因為我們都是一群文化的保護者。」

一次機緣巧合，我在台上的一席話改變了張慧對殯葬業陳舊的想法。她驚訝地發現，原來喪禮就像人生的畢業典禮，不必過度悲痛，反而可以用溫馨來撫慰家屬。

「這就是我想要的！」博覽會結束後，她鼓起勇氣與我聯繫，從此我們互相切磋服務理念和經營之道，她甚至還學習了遺體修復的新知技術。

從一個人，變成一個團隊，再開枝散葉到各地，透過點、線、面的擴散，大家一起努力為中國殯葬業注入新的活水。

前方的道路逐漸明朗，張慧很欣慰，且渾身充滿幹勁。

「團隊經營不僅是個人觀念的改變，更需要結合一群人的力量。楊老師很多想法剛好跟我相契合，藉由他來影響我的團隊，更有機會把服務理念、專案經營落實得更好。」她說。

生命延續的教育場所

時代演進，如今的黃石殯儀館也面臨機構變革，不少人勸張慧：「別太拚命，先緩下來，看看改革趨勢再說！」

但她的腳步沒有因人事波瀾而停滯。她說，只要仍是館長的一天，就得讓黃石殯儀館發揮最大的存在價值。

其中，有一個夢想她一直積極地想推動。張慧希望殯儀館不再只是一個火化往生者的地方。

「我們要把自己定義成，不單只是告別人生的終點站，而是一個生命延續的教育場所。」她目光如炬地說道。

縱然見慣生死，依然敬畏生命。特別是每次看到年輕的生命，由於種種原因而選擇了輕生。

「我也為人父母，看了心都碎了。」

張慧期望，殯儀館能和學校做產學合作，走入校園推廣生命教育。

此外，她更打破禁忌疆界，想開放殯儀館活動日，縮短與民眾之間的距離。

「例如，舉辦生命體驗營，讓人進去躺一躺棺木，在裡面待幾分鐘，體會是什麼樣的感覺等。」她流轉眼波，興奮地吐露腦中的奇思妙想。

張慧堅持，殯儀館必須延伸意義，以發揮最大的社會價值。她深信，人們可以在醫院，歡喜迎接尚待培養感情的新生命誕生，同樣的，也能嘗試在殯儀館，以祝福和溫暖送走感情深厚的親朋好友離世。

且行且珍惜

跟多數職業婦女一樣，張慧的工作及生活蠟燭兩頭燒，全心全意工作之餘，對孩子也總有愧疚。

雖然深知最好的愛就是陪伴，但因工作繁忙，平時只能電話關心：「功課做完了嗎？跟同學相處還好吧？吃飽了沒有？早點休息別太累！」

轉眼間，孩子已長大。帶著錯失童年的些許遺憾，這一次，張慧不想再錯過對父母的陪伴。

尤其父親身體狀況逐漸衰退，前陣子還因肺腫瘤住院開刀。

「在醫院陪伴期間，我發現父親真的老了，幫他洗臉、洗澡、上廁所時，更感覺他像個孩子，原本有些任性的女兒也一夜長大，成為父母的依靠。」

看盡生離死別，沒有什麼想不開的，卻也讓她更珍惜身邊人。

「且行且珍惜，把該做的事情做好，活在當下就是莫大的幸福。」她說。

無論殯葬業或是人生的道路上，張慧都將繼續懷抱人本精神，逐步實踐她世界大同的夢想，等待白鴿揚翅飛翔，隨著和平歌聲輕輕歇在她的心頭。

【人物介紹】

二〇一四年我們受邀到「南京殯葬展博覽會」表演，演講時發現台下坐著一位氣質優雅的女性，那便是張慧。她的穿著打扮有別於一般殯葬人，專注的眼神及認真的態度讓我對她留下良好的印象。可能是演出還算成功，很多人開始洽詢合作方式，雖然開心，但多年的經驗告訴我，這多半是商場上的客套話罷了！由於團隊還要趕往上海，與張慧也只是禮貌性地交換一下名片。

初夏的午後，張館長突然來電，表示自己是個新手館長，對台灣的殯葬業既陌生又好奇，我們交換了不少意見及想法。「如果想邀請您來黃石殯儀館演講，要付多少費用呢？」她問我。我笑著回答：「只需包吃、包住、包交通就可以了，演講費就不用了。」她既開心又驚訝，因為當年兩岸的交流還沒這麼開放，想邀請台灣人去演講幾乎不可能。沒想到一個禮拜後，「邀請函」真的寄到單位來，也正式開啟了我的大陸驚奇之旅。

二〇一五年父親過世，張慧及熊健知道我心情不好，特別邀我到對岸參加一場大型的殯葬培訓，活動中又認識了兩位新夥伴，王天華、齊衛東，由於彼此的理念相符，也為日後的合作結下了善緣。雖然張館長是這個培訓團隊中唯一的女性，但由於心思縝密且做事圓融，除了扮演團隊的潤滑劑，更因個人魅力深受學員們喜愛。甚至有知名企業想高薪挖角，卻總被她以家庭因素婉拒了，問她不覺得很可惜嗎？她總是說：「人不能只想著自己。」

從怕鬼、怕死的女孩到生命教育推手

受訪人：張孟桃／丹田繪作室繪本作家／玄奘大學兼任講師

好友驟逝帶來的衝擊

殯葬業有句老生常談的話：「棺材裡裝的不是老人，是死人。」

意外和明天，說不準哪個會先來。只是，知道生命無常的人多，能活在當下的人卻很少。

直到與死神擦肩而過，人們才開始思考為何來到人世這一遭。

「以前，我是一個沒有夢想的人。」張孟桃自言。

年輕時的她，就和多數人一樣，人生沒有太遠大的目標。

有一份平凡穩定的工作、有愛自己的家人和幾個好朋友，閒暇時跟喜歡的人聚在一起吃吃喝喝，日子就很快樂。

平靜無波的生活，卻在三十多歲時起了意想不到的波瀾。

在她和高中好友約好一同出遊的某個週末，警察來電告知，朋友在自宅過世了，請她作為關係人到警局協助調查。

好友驟逝，對張孟桃產生了極大的衝擊。她說自己的個性不太容易與人相熟，朝夕相處的高中好友可說是她當時唯一的閨蜜。

兩人前一天才高高興興地規劃出遊行程，沒想到隔天朋友就因瓦斯外洩，無預警地離開人世。

「她走了，我覺得生命頓時失去依靠。剩下的人生那麼長，該怎麼辦？活著的意義究竟是什麼？」從她的語氣，仍聽得出當時的悲傷。

上天給的人生考題

就在同一年，張孟桃結束育嬰假回到職場。

此時仁德醫專剛成立生命關懷事業科，計畫培訓學生成為殯葬業的從業人員。原本從事出納工作的她，也被調職到新科系擔任行政人員，在這個全然陌生的教學領域中重新學習。

當時，生命關懷事業科是全校師生眼中「最奇怪」的科系。張孟桃還記得，她剛調職不久，同事就緊張兮兮地問她：「回去小孩子有沒有怎樣？不會哭吧？」光是提到殯葬業，人們心中自然就會浮現許多死亡的禁忌聯想。

對從小膽子不大的她來說，接下這份工作可說是一大挑戰。

為了模擬殯葬業的工作現場，科裡有許多專業教室，例如小靈堂、奠禮堂、遺體美容室、遺體處理室等。

張孟桃第一次進入遺體處理室時，兩個洗屍台和裝著假人的棺木印入眼簾。

「我嚇到腿都軟了！」她說。

當時，政府開辦喪禮服務乙級技術士考試，單位主管也鼓勵生命關懷科的行政人員考取證照。

於是，張孟桃和其他老師一起，學習寫訃聞、奠文、規劃治喪流程、布置會場，乃至於對遺屬的悲傷輔導。

她從零開始，一步步深入理解殯葬產業的內涵。

「我覺得，這應該是上天給我的人生考題吧！」

以往，她非常懼怕與死亡有關的一切，連看動畫《名偵探柯南》都會被嚇哭。即使家中辦喪事，長輩也都體恤她會害怕，讓她迴避、無需出席。

她印象最深刻的是，乙級考試有一關「奠禮會場布置與主持實務技能實作」，需要將棺木移至會場布幕後方。儘管知道全新的棺木中沒有任何東西，她在推棺木時仍止不住地發抖。

「我練習時都請同事陪我，真的沒辦法。」

她坦言，剛到生命關懷事業科時，其實一點都不喜歡這份新工作。

但性格中的好強，讓她誓言一定要考過證照，克服自己的弱點。

「我想這可能是一種任性。命運越考驗我，我就偏偏不認輸，看祂還要怎麼樣？」

打破死亡禁忌，找到新的人生方向

有趣的是，隨著她更深入地認識殯葬產業，這才發現人們對生死有著太多不可說的禁忌。常有同事要送公文前會先問她：「孟桃，妳可不可以先到樓下，我把公文拿給妳。我不敢進妳們科辦公室！」

即使只是教學空間，一旦和死亡沾上邊，就會成為人們避之唯恐不及的場所。

她印象很深刻的是，有一次學校辦研討會，接待桌少了一條桌布，向生命關懷事業科商借了一條金色桌布。

沒想到事後，主辦單位氣急敗壞地問：「為什麼借這塊桌布？這不是喪禮才會出現的東西嗎？」

回想起這段往事，張孟桃笑開了。「當時同事完全沒意識到有何不妥，只覺得那條桌布的顏色很美。禁忌與否，其實端視個人的心態而定。」

失去好友的意外，讓她重新思考生命的意義。對殯葬業的態度，也從原本的恐懼反感，逐漸轉為理解認同。甚至在不知不覺中，改變了她的人生方向。

從事行政工作的她，決定攻讀華梵大學哲學所，深入研究生死教育。

在生命關懷事業科工作幾年後，她順利取得碩士學位、成為系上的行政兼任講師。教育未來的殯葬業人才，成了她的新志業。

張孟桃坦言：「朋友離開是我人生的轉捩點。因為生活沒了重心，我需要找件事情來做。」

除了學校的教學工作以外，她也延續碩士班時期對繪本研究的熱情，和幾個朋友合組了「丹田繪作室」。

朋友們各有專長，有人擅長繪畫、有人能創作配樂，有人則是影音導演。工作室的繪本皆以影音形式發表，用平易近人的故事推廣生命教育。

工作室的第二號作品《貓咪去哪兒》，對張孟桃別具意義。

故事講述一隻備受寵愛的家貓，在臨終之際決定離家到遠方，靜靜等待死亡的來臨。家人們遍尋不著愛貓，卻在某天夢到牠以泥土為背，早已安詳地離開這個世界。

這段故事的原型，其實正是她失去好友的經歷。

「每次看到貓咪不見那一段，我的眼淚就會飆下來。」張孟桃有些感傷地說。

但她想告訴讀者，死亡並不可怕，真正令人難過的是失去。

唯有相信深愛的人在死後到了更好的地方，生者才能得到心靈的平靜。

現在，她就讀東華大學中文系民間文學所博士班，持續在悲傷輔導、生死學與文學等領域深耕。

張孟桃形容，接觸殯葬領域，就像人生突如其來的大轉彎。

「但生命好像因此變得更開闊，活得也更扎實了！」

走出棺木，更能珍惜生的喜悅

有別於大眾對喪葬儀式冰冷的印象，在張孟桃眼中，殯葬業是一份減少遺憾、為生命畫下圓滿句點的神聖工作。

在仁德醫專，有個非常特別的「死亡體驗室」。就讀生命關懷事業科的學生在畢業前，一定要親自經歷過這套完整的臨終模擬歷程：寫遺囑和墓誌銘、換壽衣，最後躺進黑暗的棺材內感受死亡的來臨。

張孟桃認為，走過死亡的流程，日後服務家屬時才會有足夠的尊重與同理。走出棺木，將更能珍惜生的喜悅。

「等死」聽起來可怕，但她認為實際體驗時，其實悲傷多過於恐懼。

她想起自己坐在小小的房間裡寫遺囑時，腦中開始輪播至今為止的人生片段。

如果以後再也看不到女兒怎麼辦？有哪些話還來不及告訴爸媽？曾經有過的夢想，是否都已一一實現？

書寫遺囑的過程中，有個環節是寫下生命中的三個夢想。張孟桃笑說，許多人一生為金錢、成就汲汲營營，到了生命盡頭惦念的，卻都是平凡的小事。

以她自己為例，若生命只剩下一個月，她最大的願望是拚命看韓劇、到世界各地旅行，還有和一群共同育兒的朋友瘋狂聊天。

這些心願一點也不難實現，平時卻未必懂得珍惜。

「我的墓誌銘可以寫：此人過了沒有遺憾的一生。」她說。

回首這些年來，因為踏入殯葬領域而結下的緣分：遇見了新的夥伴、挑戰沒做過的工作，思考從沒想過的議題。原本自認庸庸碌碌的人生，過得越來越積極了。

「能在這個領域盡一份心力，我自己也蠻感動的！」

讓最後一段路程走得完美

張孟桃唯一的遺憾，是每年好友忌日時，總想起兩人共度的時光，心中難免傷感。尤其想到好友臨終時，被遺體美容師化了個完全不適合她的老氣妝容，不論過了幾年，還是感到悲傷不捨。

「如果是現在的我，應該多少能幫上一點忙。」

過往膽小的她，這幾年有了不少突破。像是在一位高中好友過世時，主動協助家屬跟遺體美容師溝通，確保朋友是以安詳的面貌離開。

即使人終究要走，至少在家人心中能以美好的樣子活下去。

「我覺得殯葬業最大的使命，就是讓最後一段路程走得完美。」

一個過往怕鬼、怕死，不知為何而活的年輕女孩，因緣際會下成了生命教育的推手。曾有過的失落，成了張孟桃最大的推力，帶她找到了人生值得活的意義。

【人物介紹】

第一次遇見張孟桃老師，是我在仁德醫專兼任的最後一次會議、最後一堂課。當時在辦公室等其他老師開會時，她主動跑來陪我聊天，幫我準備茶水、小點心，如此細膩的態度，讓我留下深刻的印象。

三年前，我接受玄奘大學邀請，擔任生命禮儀組的課程總召集人，當時教學架構是以CRT團隊為主導，來規劃未來課程方向。幾位老師跑來找我，希望能夠把張孟桃留下來，原來她也在玄奘大學授課。他們表示，每次到仁德兼課時總是得到她許多幫助，加上玄奘的同學一面倒地認為，張老師是位認真負責、表達能力也非常好的老師。

整學期觀察下來，她不只教學認真，還非常熱心公益，常會幫其他老師準備課件、義務代課，甚至很積極參與我們舉辦的各種教育訓練課程，還把自己的插畫團隊介紹給我們，擔任起團隊的後勤支援部隊。問她為什麼那麼認真？孟桃老師說，一開始雖然對殯葬業感到很害怕、很陌生，卻在教學過程中找到自己的定位和方向，希望能和大家一起打拚，在殯葬這條路上繼續前進。

從藍白拖吊嘎到西裝領帶

受訪人：鄭嶽華／福祿壽全安祥有限公司執行總監／前龍巖集團新竹服務處處長

百萬年薪，種下二十年殯葬緣分

四十不惑，可說是鄭嶽華的中年寄語。

四十歲那年，他離開從事十五年的禮儀服務單位「龍巖集團」，卸下高階職位，亦不管家人勸阻，轉職販售塔位。

這令人匪夷所思的選擇，卻造就了他更廣闊的人生視野。

「我想尋找一個可以繼續精進專業的地方。」

話說得簡單，卻是以高薪、穩定家庭生活和顏面做出的賭注。

回想起入行那一年，剛畢業當完兵，同學大多進入竹科或從事教職，而二十四歲的他被一則標榜「年薪百萬」的徵才廣告吸引，決定放手一搏。

那是一間成立不久的殯葬公司，在四百人海選裡，他過關斬將，取得僅二十五席的入場門票，如願入行。

沒想到，這才是辛苦的開始。

公司有別於傳統喪葬業，引入企業化經營管理，長達一年的教育訓練，鄭嶽華從小助理做起，要熟稔喪葬各項流程細節。

起早貪黑不說，每天凌晨十二點回家，稍加洗漱，隔天四點又趕著出門。

熬過一年，他升職為禮儀師，年薪百萬的背後，是喪葬十八般武藝樣樣精通。

「大家都說我們是殯葬業，但我覺得更像服務業，服務的是活著的人。」

面對情緒不穩且意見容易分歧的家屬，臨場反應極為重要，鄭嶽華在挨罵中摸索家屬的應對之道。

回想起來，唯一過不了的坎，是「悲傷」。

「那種悲傷是，看到家屬生離死別，尤其是小朋友夭折的、為情所困的、意外過世的、白髮人送黑髮人的，心裡真的過不去。」

已婚、育有兩個女兒的鄭嶽華，很能體會生命戛然而止、周遭人的悲愴，總不忍再細想。當死別變成日常，生離的痛，有時也壓得他喘不過氣。

每當情緒陷入太深，他就會一路驅車前往海邊，讓靜謐的湛藍大海、規律的潮起潮落，沉澱內心的感傷。

電影《送行者》帶來的啟示

二十多年來，政府積極輔導殯葬業轉型，並訂立專責法規，台灣開始出現效法日本，以精緻化、企業化方向經營的企業。

如此新穎的做法，在封閉保守的殯葬業飽受非議。

「大學生也來做殯葬？」

「穿西裝打領帶就可以做好這行？」

面對傳統業者的訕笑，鄭嶽華這群菜鳥只有挨打的份。

不過他其實也是地方殯葬業的第三代，國中時曾為了賺點零用錢，穿著短褲、藍白拖就跑去叔叔家打工，幫忙布置會場、抬棺入殮等體力活。

年少時的他也以為，這行就是如此。

直到出社會，鄭嶽華所任職的公司首開先例，對服裝儀容有所要求、禮儀師須畢恭畢敬、進會場先向往生者上香、見到大體得九十度鞠躬……。

種種細節與行規都和過去大不相同，他想來覺得好笑。

「業務天天都得穿西裝，有時夏天參加完告別式，背部都濕成一片白色結晶鹽了。」

殊不知若干年後，不分企業還是個體戶，只要做這行，幾乎人人都穿起了西裝，服裝儀容周到、治喪程序標準化，反而成為主流。

不過，徹底顛覆產業形象，仍歸功於二〇〇九年上映的電影《送行者：禮儀師的樂章》。

本木雅弘將大提琴家到禮儀師的心境轉折演繹得入木三分，揭開職業隱晦神祕的一面。

這部電影轟動大街小巷，甚至讓許多年輕人開始嚮往這份高收入且別具意義的工作。

鄭嶽華記憶猶新，當時他已升任主管，拜電影所賜，那幾年招募新人特別順利。

「我總覺得這個行業可以做得很高尚，卻被世俗當成一種低下的工作。」

他從不覺得做殯葬有什麼好隱晦的，他在工作中學到對客戶以禮相待、將心比心，因而打從心裡認為這是一項偉大的工作。

跳出舒適圈，親手打造墓園園區

在外人眼裡，殯葬本一家，其實，業內卻壁壘分明。

殯，主理接體到告別式的過程；葬，則是逝者留存人間的形式。它們彷彿兩條相近卻幾無交集的線，跨足其中者，實為罕見。

若非三十九歲那年，苗栗一間墓園園區的老闆有意挖角，鄭嶽華可能會在集團裡待一輩子。性格沉穩、思路縝密的他，前後考慮了半年才遞出辭呈，嚇了眾人一跳。

「台灣缺少懂殯又懂葬的人才。」

在輾轉難眠的夜裡，他反覆思考。現代人關係淡薄，也不喜歡麻煩別人，葬禮一切從簡。但墓園卻是一輩子的，揀一塊風水寶地，子孫世代都看得到。

跳槽時，他的換帖兄弟、現任新竹市長林智堅還曾開玩笑：「我看你可能撐不過三年。」沒想到他一路苦幹了六年，成立了自己的銷售團隊，網羅五十多名中年婦女銷售員，年營業額破億。

光鮮亮麗的成就，其實是由血淚與汗水堆砌而來。

從呼風喚雨的高階主管，跨足到全新領域——公辦民營的殯葬園區，首先要研究政府標案、土地法規、建築工程、墓園規劃、空間設計等。

每項皆為專業，比比都是眉角，友人笑他：「從禮儀師變成造橋鋪路的。」

這句話所言不假，墓園預定地佔地寬闊，相當於一座大安森林公園的面積大小。

鄭嶽華剛接手時，從無到有一步步規劃、成立，一面與政府進行來回文件審查、辦理執照申請、研讀法規等，還要頂著豔陽在園區監工。每天溝通的對象也從喪家換成建築師、室內設計師、水電工等各領域行家。

回想起那段充實的歲月，他咬牙地說：「太辛苦了，不想再重來一次。」

但也多虧十多年服務喪家的經驗，鄭嶽華才能出奇制勝。

園區創立後，他刻意起用婆婆媽媽銷售軍團。

「這群人最接近使用者。」

上有父母、下有子女，一面擔心不能盡孝，一面害怕造成子女負擔，就像夾心餅乾，只有趁早規畫才不會手足無措。

這般心境，唯有中年才懂。他快速掌握了消費者的心理，因此能夠創下超高業績。

「我見過太多案例。你怎能知道，死後子孫會怎麼幫你處理？還不如提早為自己做好準備。」

銷售塔位，賣的不是一項產品，而是一個觀念。

本以為在民風淳樸的苗栗，對活人談死亡會有諸多忌諱，沒想到大家接受度不低。

他從單打獨鬥，到建立起全台最龐大的塔位銷售團隊，細究其因，時代在變，「預購」的概念也逐漸被人接受。

「還有許多人特地來道謝，說幸好我有勸他們及早準備。」鄭嶽華說。

看清人性，從溫馨劇到芭樂劇

從「殯」跨足「葬」，鄭嶽華也感受到截然不同的家屬氛圍。從事禮儀服務時，悲歡離合如一齣齣劇碼在眼前上演。而今販售塔位，悲劇換成了芭樂劇，錢字當頭，血淋淋的人性無情展露。

最離譜的一次，連平日溫和待人的鄭嶽華都看不下去。老父重男輕女，在世時兒子敗光家產，最後遺留三十萬保險金，兒子卻僅花三萬治喪、兩萬購買公塔最便宜的位置，剩下二十多萬皆私吞。

「根本把爸爸當流浪漢處置！」鄭嶽華怒言。國人平均花費三十萬治喪，與之相形，三萬已是簡葬，等同社會局對鰥寡孤獨者的喪葬補助金。而對比動輒數十萬的墓地，花兩萬買公塔更是離譜，令他忿忿不平。

「很奇怪，處理父母後事時，兒子通常不願意花錢，女兒才肯花錢。」

轉職以來，他服務過數百名客戶，從旁觀察到這種奇異的現象。相較於華人過去「傳子不傳女」、「養兒防老」的觀念，格外諷刺。

不過，也有孝子身無分文，仍努力積攢奠儀，替媽媽買下最好的塔位，他看在眼裡，十分感動，也默默協助對方寬限繳款期。

不惑之年，盡力扮演好爸爸

鄭嶽華內斂寡言，工作中是拚命三郎。

「一旦決定，就不會給自己留退路。」他坦言自我要求高，卻委屈了身旁的人。

家中兩個孩子，老大是剛邁入青春期的國中生，老二現就讀國小三年級，從小都是老婆和父母拉拔長大，老婆還有自己的事業要忙，不僅夫妻相處時間少，在女兒的童年印象裡，父親這號人物簡直似有若無。

所幸，轉職後上下班時間趨於穩定，不再日夜顛倒，過起「三點一線」的生活。下班就回家陪小孩，即使跟女兒們一起玩益智遊戲也覺得很有趣。

「可能是到了一定年紀，覺得該留時間給家人。」

過了不惑之年，他用盡全力彌補家人。

回顧二十一年站在殯葬業第一線的生涯，服務對象從往生者到活人，陪伴對方由生至死的最後一哩路，令他嚐盡人生五味雜陳。

「很少有行業能經歷生老病死。」

他相當珍惜這段經歷，也看透不說破。

「這行做久了，看待生死反而變得樂觀。人難免一死，及早做好準備就好。」他說。

他也見證二十年來的殯葬業轉變，社會不再避諱談生死，但重點由「殯」轉向「葬」，簡化繁瑣儀式與鋪張排場，將經費花在找尋合適的長眠之地。

「像我們園區位於山丘，來這裡祭祖，漫步園中，喝杯咖啡、沉澱心情緬懷先人，多好。」

轉個念，打破內心桎梏，逝者未遠，只是化作春泥更護花。

【人物介紹】

二十多年前鄭嶽華剛進龍巖，在禮儀部參加新生訓練時，我就是他的老師之一，當時只覺得這位學生很安靜。他出身傳統殯葬家族，叔嬸在省立新竹醫院（現為台大醫院新竹分院）的太平間駐點。當年，新竹沒有良好的解剖場合，我們常借這間醫院的太平間進行解剖，所以我跟鄭嶽華的家長相識甚早。

直到有一次，新竹一名醫師亂開死亡證明，地檢署前往龍巖集團調查，時任新竹龍巖處長的他，面對媒體臨危不亂，為保護部屬，甚至一肩扛下所有責任。再有一回，他的幾位下屬相驗遺體時得罪我的同行，他竟放下處長身分，特別跑來地檢署致歉，自此我對他好感漸增。

鄭嶽華是那種，乍看溫和低調，隨著相處的時間越長，越發現他頭腦清晰、觀點犀利，是個「不鳴則已，一鳴驚人」的人物。他的「反骨」刻在骨子裡，若非層層挖掘，不會知曉。私下，我們倆有個共同點，每逢休假必定宅在家，我問他：「你為什麼都不出門呢？」他說除了工作，最想花時間陪小孩。十幾年殯葬業勞碌奔波，錯失太多與子女相處的珍貴光陰，現在好不容易自己成立公司、業務步上軌道，只希望把時間留給家人。

天生的禮儀師

受訪人：楊博文／聯邦全生命禮儀社負責人

解生命的謎

人生若是考題，究竟是一道是非題、選擇題還是申論題呢？

在楊博文三十二歲、一腳跨入殯葬業之前，他可能會回答：「當然是選擇題，要努力做出對自己最好的選擇！」

然而，從光鮮亮麗的奢侈品產業，到隱晦保守、辛苦勞累的殯葬業，不是缺錢、也非繼承家業，他把人生做成了申論題，僅僅是想探求生命的真相。

「我只是疑惑，生從何來？死從何去？因果真有輪迴？」

楊博文少時接觸佛法，從小便經常思考這類問題，沒想到多年深埋的種子竟突然萌發。

「不然我去做殯葬好了！」

那一天，他突發奇想，隨即收拾行囊北上。

「當時發生了什麼事？」

每當人們問及，他總搖搖頭：「沒有，就是自然而然發生了。」

年近半百的他，意志格外堅定、眉眼漾著笑意，看起來溫和可親。

真要回溯，這份對生死的好奇始於少年。

父親篤信道教，高中時的楊博文不是和同學玩樂廝混，而是跟著爸爸坐禪。

本應血氣方剛的年紀，只因把爸爸當偶像，便懵懂地開啟佛緣，先後和彰化淨土宗、法鼓山與慈濟前輩同修。

由於家境優渥，父親開眼鏡行，母親在小家庭穩定後，便重拾年輕時的珠寶批發業，生活雖算不上錦衣玉食，卻也無憂無慮。

「我的人生幾乎沒有波瀾。」他說。

或許也因為這樣，他天真地想追尋自己的心念。

然則，么兒「任性」的舉動，在父母看來不僅無法理解，還換來長達兩年的冷戰跟漠視。

父親氣得大罵：「你知道禮儀社都是牛鬼蛇神嗎？」

在他眼中，兒子開禮儀社是低俗而難以啟齒的行業，甚至要求楊博文出入家門都需點香淨身。

直到有天父親友人的家屬往生，請楊博文前往處理，老人家親見他妥貼料理後事，會場莊嚴肅穆卻不失溫馨，這才鬆口承認：「我兒子是做殯葬的。」

貼近家屬悲喜的能力

捨棄百萬年薪，他先前往台北的禮儀社學習。

沒想到，第一場喪禮就令他下定決心，非此路不走。

靈堂內的遺照上，是位年近百歲的慈祥阿嬤，白髮蒼蒼。

遠從國外趕回來奔喪的子嗣，不乏醫生、律師和教師，功成名就的眾人皆淚流不止，自責未能盡孝。

他們對著楊博文與子孫們訴說母親的恩德。

原來，這位母親不是他們的生母，而是父親續絃。

在資源貧瘠的年代，後媽放棄自己生育，靠著替人縫補的針線活，全心拉拔幾個孩子長大。

大恩難報，楊博文也被現場氛圍感染，淚流不止。

經歷了生命中最感動的一夜，前輩斷言，他是天生的禮儀師。

因為禮俗不只是依契約行事和執行流程，更是自然地貼近家屬，關懷他們。

土法煉鋼進入殯葬業

他在台北沉潛四年，花了一千多個日子學習殯葬流程。

有別於公司制度化的進修，他土法煉鋼，穿梭於台北各大殯儀館，學習別人如何布置會場、與家屬應對進退、各種儀式禮軌、司儀情感演繹等細節。

還差人將殯葬業大師徐先生的手稿列印成書，日夜苦讀詳記，只為了解喪葬禮俗背後的真正意涵。

禮儀社見他滿腔熱血，便送他去進修遺體修復。

有一回，老師示範大體解剖，帶同學推敲真正死因，他負責拿相機詳細記錄，腦中想著，等等還能回公司分享。

沒想到，在公司滔滔不絕地演講完之後，同事們啞口無言，詫異地問他：「你還是人嗎？這種場面都不怕？」

他猛然回頭，看見支離破碎的臟器、大腦特寫照等，就這麼血淋淋地投影到大銀幕上。

楊博文恍然大悟：「對耶，自己並不恐懼！」方才仔細推敲，人會害怕是因為未知，不了解真相而妄自揣測，因想像而生出魔障。

就像《心經》裡提到的「心無罣礙，無罣礙故，無有恐怖」，只要看清事實，遠離那些顛倒幻象，心魔自然會消失。

修羅場印證佛法，種何因、得何果

或許是超然、或許是憨膽，他一跨足便是十七年。

不知是天選之人，抑或如他自己所說，「不菸不酒、茹素多年，慾望少了，感官變得敏銳」，楊博文能感知到常人無法察覺的事物。

印象最深刻的一次，是在靈堂親見往生者就站在他身邊，輪廓清晰可見，還能與他對話，令他不得不折服於佛法的奧妙。

「在殯葬現場更能印證因果。」他說。

那天，老企業家壽終正寢，靈堂前，對方就站在他身邊觀禮，九十多歲高齡卻神采奕奕、容光煥發。

相較於同時期，他所處理的另外一名年輕往生者，則因不愛惜身體，打架鬧事而殞命。「一個神清氣旺，一個氣若游絲、恍恍惚惚，這就是精神強不強大的差別。」

經手的案件多了，他逐漸明白，從亡者神識可以看出生前狀態，哪怕對人生再積極一點點、再多累積一點點善念，都有轉圜的餘地。

他解釋，從殯葬業看來，往生有三種形式：壽終、意外和福盡。意外即驟逝，而壽終跟福盡的差別在於，前者是高齡、子孫滿堂的喜喪，後者則是指人生在世都有一定的福分儲量，若早早揮霍完畢，便早早離世。

值得再一次機會，令現世圓滿

楊博文的「神通」體質，在無形中幫助過許多人。

有時候是受亡者委託，肩負傳話任務，把心願傳遞給家屬，再請家屬擲筊確認，每每精準無誤。

兒時曾撫養過他一段時間的姑婆，因為和家人多年心結未解，含恨而終，死時穿紅衣自縊，留給家屬無限的悔恨與悲痛。

無奈之至，舅舅找上楊博文，希望能居中協調，讓媽媽不再牽掛。

起初，楊博文相當猶豫。

「在世時，三十年都化解不了的問題，怎麼能期待短短十天的喪期就能解決？」他如此回覆，卻不敵舅舅苦苦拜託。

楊博文只好先請示姑婆，得知來龍去脈後，令家屬連續七天跪拜懺悔，並誦念經文勸導姑婆放下我執。

再巧用一些手段，讓祂看見子孫並非如想像般不在乎祂，只是隔代鴻溝太深，彼此在意的癥結不同，這才鑄成遺憾。

「姑婆一開始先抱怨我，沒有幫忙主持公道，到最後終於解開多年心結，帶著家人的祝福離去。」他回憶道。

然而，凡事通達也是一把雙面刃。

面對家屬過高的期待，或者無端上門的冤親債主，他儘量看淡，總怕自己介入太多、誤導視聽。

但如若真有需求，他還是會鼎力相助。

「畢竟人都走了，無論在世種種如何，都該讓它圓滿。每一個人都值得擁有，再一次和現世和解的機會。」他說。

昇華悲傷，喜迎生死

做人圓融的楊博文，因修佛多年，殯葬界人稱「師兄」。

他深信來者便是緣，只做佛教殯葬禮儀，亦即，喪禮不是做喪事，而是做佛事。

他會邀請家屬將佛教徒持戒、茹素、誦經、拜佛、懺悔、迴向、發願等日常修行，落實在治喪近兩週期間。

「家屬心安，往生者就有機會靈安，佛教禮儀的目的就是冥陽兩利。」

在會場見多了悲傷過度的家屬，他常不忍心地說：「形體俱滅，靈魂常在，你看不見祂，只因祂去了遠方，不過祂一直都在你身邊。不信，你擲茭給祂，祂都會回應。」

逝去的悲傷無法消失，卻能昇華。他常寬慰家屬：「歡喜迎接生，也可以寬心接受死。」

從佛教觀點來看，生命是祝福，生時抱著無限希望而來，死時同樣是奔著前程似錦而去。在家屬眼神中看到欣慰、釋然與放下，便是他從事這份職業的意義。

利益他人，生命越豐富

日常裡吸收太多沉重的能量，每隔一段時間，楊博文就需要到山裡透透氣，讓山風、清新空氣和明媚日光灑落在他身上，照拂憂鬱的心靈，他總笑稱自己在吸收天地精華。

看似超脫的楊博文，剛入行時也曾感到困惑：「禮軌中的繁文縟節徒留形式，卻不見得能實質安慰家屬，究竟是否要沿用？」

好比，活人燒給亡者的「燒庫錢」，在他看來就是勞民傷財之舉，總是勸慰喪家不必如此。

沒想到，有一回竟遇見亡者顯靈，氣沖沖地咆哮：「我拿我的庫錢，干你什麼事？」

說來荒謬，但這件事卻令他學到「尊重」這一門課，無論再怎麼不明就裡的禮俗，都應該尊重亡者與家屬的心意。

現在，他常說，比起家屬謝他，他更感恩家屬和往生者，引他看見生命的豐富深厚。

他猶記得學成返鄉、拜師那天，法鼓山果全師父曾殷殷懇切地說：「很高興你加入，殯葬業需要來自不同領域的人。」師父的話，字句烙印在他心裡。

除了佛教禮儀，他也將過往的珠寶業經驗應用到會場布置，友人從旁觀察：「他的靈堂布置得特別美，特別有氣質。」

慈悲心腸、別具審美眼光，楊博文在殯葬業開啟了一片廣闊天地。

生死玄學，宇宙洪荒，宏偉奧妙，你信不信？

反正，楊博文是信的。

【人物介紹】

早年在華梵大學推廣部教「遺體處理」，席間，楊博文就像從古書中走出來、風度翩翩的君子，在草根氣息濃厚的殯葬人裡，十分醒目。他勤懇好學，當年只因我隨口建言，便帶著一台相機跑遍台北各大殯儀館，記錄、學習殯葬禮儀。

直到跟他熟稔，我好奇地探問：「家裡從事什麼工作？」原以為，他與大多數人一樣是殯葬業第二代，沒想到，他是珠寶公司小開。「那你為什麼想來學殯葬？」這下我困惑了。他沉思後回答：「可能是少時接觸佛法，佛教助人為善，殯葬也一樣，可以幫助眾生。」我恍然大悟，原來他自帶「仙氣」，與多年浸淫佛法有關。

課後，我與他一直保持聯繫，後來他回到高雄老家，我還以為他打算繼承家業。多年後，一通電話打來，耳邊傳來熟悉的聲音：「老師！我已經徵得父親同意，準備要開禮儀公司！」他的口氣難掩喜悅。許久以後我才得知，他為了從事這行，父親不諒解、親友愕然，差點鬧出家庭革命。做為昔日的老師，我十分欣慰，他始終沒有忘記做好殯葬人的角色。

我們相識多年，表面上，他尊我為老師，但待人接物上，我打從心裡崇敬他。我曾麻煩他協助幾位失業的學生找工作，他總義不容辭，甚至鼓勵對方：「若有機會重新出發，未必要從事殯葬業。」私下，他常與我分享人際相處、夫妻和睦之道，或許佛曰「修行在人間」，說的就是他這般模樣。

每場喪禮都是一次旅行

受訪人：陳慶文／優禮服務股份有限公司董事長／前龍巖集團竹苗服務處處長

因預知夢而入行

殯葬工作最大的意義是什麼？

身為資深殯葬從業人員的陳慶文，有個極為傳神的比喻。

「我都說我是開旅行社的。在家屬最慌亂的時候，我們帶著他們前進，讓他們從哀傷走向釋然，回到正常生活。」

說起當年進入殯葬業的契機，冥冥之中，似乎有一雙看不見的手，帶領他走上這條道路。

他曾是職業軍人，退伍之後陸續做過汽車旅館的行政人員、送貨員、經營小生意等工作。

雖然生活還過得去，但從不覺得對工作有特別的使命感。

將近三十歲時，他帶著年幼的孩子和太太搬回故鄉新竹，方便媽媽就近照顧孫子。正當他準備找新工作時，一個奇妙的念頭在他的腦海中浮現。

「有幾次從睡夢中醒來，我突然想到，一個人如果莫名其妙過世了，怎麼辦？」陳慶文回憶，做了預知夢不久，他就在報紙上看到龍巖的徵人廣告。彷彿受到命運的奇妙牽引，二〇〇一年他正式加入殯葬產業，一待超過二十年。

刻苦訓練只為獨當一面

當年，殯葬業是新興的熱門產業，對新人的要求也相當嚴格。

「我們在桃園受訓，每天早上要先跑三千公尺鍛鍊體能，吃完早餐後開始一整天的課程，晚上甚至還有晚自習。就像準備大考的考生一樣，非常刻苦。」

一梯數百人的求職者，每週篩選、淘汰，最後大約只有三十五人能成為正式員工。

通過訓練以後，新人得先從禮儀助理開始做起，跟著資深的「師父」學習。

由於當時龍巖的組織規模還不若今日完整，人事也較為精簡。桃園、新竹、苗栗這三個幅員廣大的區域，都是由剛成立的新竹服務處負責，工作十分忙碌。

陳慶文形容，所謂助理，幾乎是「什麼都得做」。

從死者過世後的接體、更衣、布置靈堂、治喪協調、家屬關懷，乃至於協辦告別式、擔任司儀禮生、陪同家屬將骨灰安奉晉塔，他全都做過一輪。

殯葬業的工作性質特殊，當眾人紛紛下班、回家休息之際，往往才是最忙碌的時刻。

當年為了多學一點，陳慶文自願在表定下班時間過後無償協助師父。

「找我很容易又不用花錢，所以師父特別喜歡叫我當助手。」他笑著說。

他記得，自己剛入行的前幾個月，幾乎天天晚上都得出門。

回到家簡單梳洗過後，睡兩、三個小時又要出門工作。

不僅忙到沒時間照顧家庭，甚至連離職的念頭都無暇思考。

所幸，辛苦是有代價的，高壓緊繃的環境會讓人成長得更快速。

一般新人約需受訓半年左右，才能完全熟悉治喪流程、獨立接案。而他只花了兩三個月就開始獨當一面了。

心細比膽大更重要

入行兩三年以後，不僅新竹服務處的業務蒸蒸日上，桃園、苗栗也陸續開辦服務據點。陳慶文在長官的提拔下，身兼新竹、苗栗兩個服務處的主任。

由於業績表現亮眼，三十七歲那年，他已是公司禮儀部門薪資最高的主管，月薪曾一度多達二十二萬元。

令人羨慕的高薪背後，是外人無法想像的超長工時。

陳慶文說，殯葬業的工作非常繁瑣，每個細節都需要仔細打點。

最忙碌的時候，他一天工作超過十六小時。無論是週末或半夜，幾乎二十四小時都可能接到家屬的電話。

「我們經常白天開車打瞌睡，晚上熬夜開夜車。做我們這行，被撞死也不意外。」他直言當時的辛勞。

近年來，殯葬業的高薪吸引了不少年輕人躍躍欲試。很多人自認八字重、不怕死，一定能夠勝任這份工作。但陳慶文直言，殯葬業的本質是服務業。比起膽大，更重要的是心細。

他曾到日本的禮儀公司見習，對日本服務業的用心印象深刻。例如，交通車的車門和地面有高度落差，司機會在門口放一塊踏板，方便步伐較小、穿窄裙的乘客上車。車上供應的寶特瓶飲料事先置於熱水中保溫，讓大家在寒冷的冬日可以喝到熱茶。從接待的細節，即可看出服務的細緻與周到。

影響所及，他在工作中也要求團隊對於細節不可馬虎。

比方說，喪禮上兩位禮生行禮、鞠躬的角度，禮儀人員推棺木的動作等都有統一規定，才不會顯得雜亂無章。

甚至布置會場用的木板若不平整，他也一定要求更換，不會認為「反正蓋上布看不出來」就敷衍了事。

此外，訓練新人時，他會要求同事扮演遺體的角色，親身體驗被沐浴、更衣的感受。「有些人會說他不怕碰大體，我說你想碰我還不一定讓你碰。殯葬是一份神聖到不能再神聖的工作。人一輩子只有一次下葬的機會，你怎麼可以拿祂來做練習？」陳慶文說。

他認為，殯葬從業人員應該認知到，這是一份不可逆的工作。「你不能說：『我做錯了，拜託重來。』喪禮只有一次，沒有機會修正。」所有看似嚴苛的要求，都是對家屬與死者的責任。

陪家屬重回正常生活軌道

工作多年以後，陳慶文離開了公司，自行創辦「優禮服務」。

即使成了老闆，他仍持續參與第一線的服務工作。從接體到晉塔的過程，除了遺體沐浴、化妝交給更專業的同業處理外，其餘工作他都盡可能親力親為。

特別是治喪期間，他一定會天天拜訪喪家，進行悲傷輔導。

曾經有人問他，殯葬服務契約中只承諾接體、協辦喪事，何必多此一舉？

「他不知道，家屬每天在家有多煎熬。」陳慶文說。

就算沒事，他也會主動陪家屬聊天。往往在閒聊的過程中，家屬會透露出他們的不安與擔憂。

殯葬業者的出現，讓家屬知道一切都在掌握中。只要按部就班地進行，死者的最後一程就能夠圓滿完成。

新竹幅員廣大，有些偏遠地區的人家，單趟車程就要一兩個小時。

過往曾有年輕人質疑，如今通電話或利用社群軟體聯繫都很方便，親自拜訪家屬的意義何在？

但陳慶文仍堅持，面對面的接觸才能確實傳達對家屬的關懷。

「那是一種感覺。就算別人覺得我是做傻事也無所謂。」

除了協助家屬辦完喪事，陳慶文甚至還提供免費的「售後服務」。像是有喪家要將祖先牌位請到別處供奉時，會特別諮詢他的意見。

他認為，殯葬工作的意義在於，陪伴家屬勇敢面對親人離世的傷痛、接受事實，逐漸走出悲傷的情緒。

最讓他欣慰的時刻，是有家屬問他，治喪期間能不能講笑話？

「我說當然可以，這代表你已經從喪親初期的呼天喊地，慢慢回到正常生活的軌道上了。」

努力活得心無罣礙

生命無常，所以要努力活得無憾。

對於這句殯葬業的老生常談，陳慶文有著切身的體悟。

近年來，他動了兩次攸關性命的大手術。

第一次是在準備祭品的過程中，突然衝出一群野狗。他連人帶車摔倒，摔斷鎖骨和六根肋骨，在加護病房住了五天才出院。

第二次則是突然覺得呼吸會喘，睡覺一躺就咳嗽。原本以為只是夏天中暑，沒想到檢查後發現是心臟瓣膜有問題。

殯葬業工時長、壓力大，不易維持健康的生活型態。太太也曾勸他，不如找個朝九晚五的工作就好，何苦讓自己這麼累？但陳慶文不這麼想。

「我對殯葬業樂在其中，從沒想過要離開。這份工作天天都有驚喜和挑戰，讓我的生活非常精彩。」他說。

每一次的服務，對他來說都是一趟新的旅程。

雖然平常沒空休假，但趁著到不同地區拜訪家屬時，品嚐當地美食、欣賞風景，也是難得的體驗。

「我都跟老婆說，因為做這份工作，我們才可以到處吃喝玩樂。」

協辦過無數場喪禮，也讓陳慶文不再懼怕人生必經的終點。

他記得，有次接到一個特別的案子。

一行人才剛目送老先生入冰櫃，女兒隨即接到電話，說媽媽也隨著爸爸的腳步離開人世。短短幾小時的時間，無預警地喪父、喪母，女兒的表現卻非常冷靜。因為有信仰的她認為，死後的世界不是一片冰冷，而是更加光明美好的所在。

陳慶文形容，人們對死亡的禁忌感，就像綜藝節目中常出現的恐怖箱。害怕，是因為無知。只要把神祕的罩子打開，你會發現內容物平凡無奇，根本無須懼怕。

對他而言，生命該害怕的不是死亡，而是沒有盡力過好眼前的人生。

「如果今天跟明天都一樣，人生不精彩，我覺得什麼時候走都無所謂。但目前我的人生還算很精彩，所以我會努力、認真地活著！」他笑著說。

【人物介紹】

有一次我受「醫管科」老師的請託，要我陪學生去參加面試。「楊法醫，我們處長他不在。」停車時還看他站在大廳，怎麼就外出洽公了呢？看到助理略顯尷尬的表情，大概猜得到他是不想見我，這是我與陳慶文的第一次交手。正所謂不打不相識，經過幾次工作上的磨合後，發現他是一位很優秀的殯葬人，只是軍人個性做事比較有原則罷了。

二〇〇四年受邀在台中開辦遺體修復與美容班，他不僅報名參加課程，還帶來兩位很優秀的學員，課堂上想法多也特別喜歡發問。有一次我忍不住問他：「都已經是單位的大處長了，幹嘛還要來學習呢？」他卻表示：「就因為自己是主管，只有不斷學習才知道該如何服務客戶、如何要求屬下。」

後來他離開集團自行創業，我們的互動也漸漸變多，偶爾會去找他喝喝咖啡、聊聊是非，不管是殯葬改革或是國家大事，他總是不改好辯的本性，但我卻很佩服他獨到的見解及想法。

去年他心臟出了狀況，動了瓣膜置換手術，每次看到我都會說：「楊老師，別太拚命啦！健康最重要！」看似對人生有所體悟的他，每當家屬電話響起，還是會急匆匆地說：「別緊張，我馬上趕過去！」這就是他與眾不同的地方，凡事總是親力親為、力求完美。

墓園是人生的起跑點

受訪人：熊健／黃石殯儀館主任／CRT教育訓練團隊學術顧問

隨遇而安的開始

熊健從來沒想過自己會到公墓上班，還被升遷為主管。

他更沒想過，竟然會在墓園遇到另一半，譜下浪漫愛情故事。

自己的人生從未刻意安排，卻在踏入墓園工作後，有了一百八十度的翻轉。

墓園，是人生的終點站，卻也是熊健的人生起跑點。

十八年前他剛退伍，二十多歲的小夥子初出社會，對未來有著無限想像，卻也茫然沒個方向。

「一開始想繼續學業，但又想早點賺錢。」

當個電影放映員悠閒度日，是他以為會走的人生道路。

當時，政府對於退伍軍人有安置政策，熊健的母親在福利院工作，父親在殯儀相關部門服務，兩人的單位都隸屬於民政局。

在此先天條件下，熊健也被民政局安置在墓碑生產與安葬部門，在黃石市馬鞍山公墓上班。

面對這份因民風保守而「形象」不好的工作，熊健並沒有太多的抗拒。

「那時的想法很簡單，就是不想錯過這個薪水不錯的機會。」

在墓園上班聽起來驚心動魄，縈繞著神祕色彩，各式鬼怪傳說讓墓園成為奇特的場域，一般人難以想像在裡頭工作的滋味。

但卸下神祕外衣，公墓的工作大部分就是服務客戶，和一般企業相同。

熊健負責協助客戶進行安葬儀式：引導客戶打掃墓穴、燒紙錢暖穴、墊上乾土，再把骨灰放進去、封閉墓穴，最後上香磕頭。

他總是細心安排每個步驟，讓客戶感覺自己被高度重視。

就如同企業在面對客戶時會出現許多棘手問題，墓園也是。為了避免紛爭，事前的溝通格外重要。

經常發生的狀況是，許多家屬會訂製專屬骨灰罐，卻沒看清楚墓穴尺寸，造成安葬當天無法下葬的緊張局面。

「客戶通常都會認為：『這是你們的問題，為什麼之前沒有告知？』但其實在契約上都有寫，只是他們沒注意，就會發洩到我們身上。」熊健無奈地述說日常。

為了平撫客戶的情緒，也為了讓安葬儀式進行順利，墓園的工作人員會大刀闊斧直接改造墓穴，以解決紛爭。

成為主管職的考驗

「熊健，你今年已經三十四歲了，該是承擔責任的階段了。」

這一天，黃石殯儀館館長張慧，向熊健提出主管職邀請。

「我嗎？」他不可置信地反問確認，像看著別人的故事般感到不真實。

當時，適逢黃石殯儀館將殯葬禮儀、鮮花外包業務收回自營，自營後新成立禮儀部，雖顯一番欣欣向榮的新氣象，卻因人手不足，需要合適的人領頭打基礎。

一路看著熊健從最基層的公墓業務部門慢慢成長、累積經驗，張慧相信，這位謙遜有禮、肯學習的年輕人有著無窮的潛力。

「我以前沒做過班長，在那之前只想做普通員工，我怕我做不好，辜負期待。」熊健壓根沒想過會被拔擢為管理職。

從小到大，每回遇上人生交叉口，做了當前的選擇後他就隨遇而安，對前景從沒有太多規劃。

即使對自己存疑，秉著張慧的信任與鼓勵，二〇一四年熊健勇敢地接下挑戰，正式擔任黃石殯儀館禮儀部主任。

從熟悉的業務部接手陌生的新單位，還要擔任畢生第一次的主管職，他花了很長時間學習如何激勵員工、如何帶領團隊、如何與客戶接洽，繃緊神經、披荊斬棘的生活，讓那年的冬天異常冷冽。

「那段時間真的很苦，我甚至有半個月沒回家，成天在公司學習。」熊健用一年的時間逼著自己成長，將心態從員工轉為主管、以身作則，帶領團隊邁向卓越的未來。

他的團隊有資深員工也有初出社會的年輕人，但相同的是，他們都跟熊健一樣很上進，常常利用業餘時間進修、考取證照。

團隊不斷精進讓他相當安慰：「我們經常舉辦培訓，每個員工都參加過中國殯葬協會培訓，還得獎，這挺棒的！」

從台下聽課到台上講課

「有時候我會懷疑楊老師是不是騙子。」熊健笑著說。

認識CRT教育訓練團隊，對他來說又是一段突破自我的神奇旅程。

二〇一四年十月，黃石殯儀館舉辦殯儀服務交流會，邀請我的團隊前往授課。

「團隊帶來的殯葬理念與技術，讓我大開眼界！例如禮儀部分，司儀有專業的服裝。遺體處理方面，整容、防腐的技術也相當新穎。這些中國原先就有，但不太足夠。」

尤其是會場布置的花藝技術，以前在大陸都是使用假花，如今在團隊的輔導下，有實力的殯儀館都懂得使用鮮花進行多元布置，這些頂尖花藝師都出自我們所舉辦的培訓班。

「老師的培訓課程遍及大小殯儀館，對中國殯葬文化『質』的方面有著深遠影響。」熊健讚嘆道。

最讓他佩服的，是培訓團隊不以營利為目的，僅一心致力於提升殯葬品質，如此大我不藏私的態度讓他笑稱：「這幫團隊不是佛心，就是騙子。」

隨著接觸越來越多，我開始帶著他南征北討，讓他負責技術支援和培訓時串場的工作。

「第一次去培訓真的很吃虧。」不是課程太艱難，而是山東的酒文化太深遠。

「山東人的酒量特別好，我們黃石南方都拿小酒杯，但到山東都拿碗喝！」一杯就醉的熊健吃足了苦頭。

但在酒席上可不能認輸，熊健心想：「我不能丟黃石人的臉！」於是黃湯一碗接著一碗下肚，眼前突然一陣搖晃，大夥拚酒的聲音忽遠忽近，意識完全被酒精淹沒。

「碰」的一聲，他竟直接暈倒在地。

那次酒席拉近了他與大夥之間的距離。

「他們可能覺得這小夥子不能喝酒還這麼喝，挺實在，後來大家都挺照顧我的。」

有一天，我不經意問起：「熊健，你本身負責鮮花部門，要不要根據經驗編寫教程，試著上台教授？如果還不錯，就列入團隊課程，當殯儀花藝製作培訓講師。」

又是一次從天而降的機會來敲門，熊健還是不可置信地反問：「我嗎？」

不過這次他沒再猶疑，即便緊張得心臟怦怦直跳，仍一口答應。

「人到了某個年齡，就應該學習承擔相對應的社會責任。」當年張慧鼓勵他的話，他如今學會鼓勵自己。

「想都沒想過，原來自己的工作可以做到這個高度！」熊健的勇敢，再次為他的人生立下新的里程碑。

誰說墓園不能充滿希望

熊健和太太，是在墓園相戀的。

當時，太太的外公過世，熊健與她有了一面之緣。再見到面時，因為安葬外公的關係，連她的父母和其他長輩都見著了。

安葬儀式結束後，熊健心裡仍掛念著這位氣質脫俗又面帶哀傷的女孩，於是鼓起勇氣撥了電話約她出來見面。

沒想到，對方對自己也留下了好印象，這麼一相處，女孩變成最親密的枕邊人了。

每天在墓園工作，看盡人生百態，熊健明白，人生是所有生活細節的累積。也許很難盡如人意，但更應該把握每個當下。

「工作雖然很辛苦，但我還是會把家人放在第一位。」他非常珍惜與妻小相處的點滴。

無論工作再忙，他每天都會親自下廚、研究新菜色，享受一家三口聚在一塊的時光，聊聊生活感想，愛家的程度堪稱「新好男人」。

不過他卻打趣地說：「給家人做飯這件事，當初也是被逼的，因為我太太不會做飯，兩人都不做，那吃什麼？」

廚藝突飛猛進的他，如今能夠煮一桌菜宴請親朋好友，最近的拿手菜是韓式炸雞，頗得眾親友讚揚。

「我不想後悔，我想陪著孩子長大。」

熊健也非常重視親子時光，即使被壓力壓得喘不過氣，仍會把唯一喘息的時間留給孩子，守著世上最純真的笑容。

過去，殯葬業形象不佳、社會地位不高。孩子國小四年級時，學校要求家長進課堂給學生上課。當時接近清明節，熊健將一本繪本改編成小動畫，告訴孩子們清明節祭祖的重要性，孩子們的反應出乎意料地相當踴躍。

他站在台上，看見自己的孩子就坐在台下，臉上洋溢著開心的笑，似乎正在炫耀：「這是我爸爸喔！」

這份以父親職業為榮的驕傲，讓他由衷感到暖心與滿足。

「沒想到，殯葬業一做就是十八年。」

人生的際遇，總是說不定。

回頭看二十年前剛從軍隊出來的那個毛小子，熊健笑了，當時還以為會在電影院的小房間裡度過餘生呢！

墓園，是人生的終點。

而熊健的愛情、家庭、人生，卻都是從墓園一步步開展。

誰說，墓園不能充滿希望呢？

【人物介紹】

二〇一四年在黃石殯儀館演講，第一次見到熊健時，他就像個靦腆的研究生。授課前我為了方便學員閱讀，在將簡報轉換成簡體版的過程中，不慎把檔案給刪掉了，七月的大熱天嚇得我冷汗直流！這時，熊健察覺我的難處，主動協助我。不知從何時開始，他的身分從助教、祕書轉變成了夥伴，似乎只要有熊健在，大陸行程就能圓滿順利！

二〇一五年與中國殯葬協會進行花藝推廣，當時從四家殯儀館（黃石、海門、博興、東台）各選出一名種子教官，而熊健也在其中。成員雖有一定的插花基礎，但對花藝的知識技巧仍顯生澀。幾次培訓下來，我發現他進步神速，才從館長口中得知，課後的他就像著了魔，經常利用午休及下班獨自窩在花藝部練習。

二〇一九年新冠疫情爆發前，我出席最後一場培訓，即將返台時與幾位老師餐敘。席間，熊健突然舉起酒杯站起來說：「謝謝楊老師這些年的照顧與指導！」隨即把整杯白酒給乾了。大家都知道他酒量不好，此舉嚇壞了同桌的老師們。他接著說：「楊老師，您第一次帶團隊來黃石表演時，我曾經默默許下心願，希望有機會能與您同台演出。」其實他早已是台上備受肯定的演講者，正所謂「青出於藍勝於藍」！

從易經權威到遺體修復師

受訪人：芮朝義／中華易經研習推廣協會理事長／CRT教育訓練團隊學術顧問

冥陽兩界的溝通使者

「爸爸，我要下班囉！」

十九歲的張姓女大生掛斷電話、離開實習的醫院，不到五分鐘後卻被捲入預拌混凝土車輪下，面目全非、頭骨碎裂身亡。

經過漫長的遺體修復過程，才重現生前清秀的面貌，家屬再也忍不住眼淚潰堤：「終於能放心讓妳走了。」

芮朝義是中華易經研習推廣協會理事長，也是當時遺體修復團隊的一員。

從為人解惑開示的命理玄學，到遺體修復的「悲傷撫慰」，他看透生死，更致力於幫助生者、亡者「好好告別」，使他們能心無罣礙，迎向嶄新的未來。

三十年前，他在進口消費品代理商擔任要職，因緣際會下認識了一位通靈師傅。

由於他前妻的母親很早逝世，前妻心中一直有著許多遺憾，常提及「如果可以再見母親一面，不知道有多好？」。

在這位通靈師傅的協助下，前妻的母親得以再次與她溝通，還叮囑了生前來不及訴說的遺憾，並要她好好面對人生。

這是第一次，芮朝義看到生命可以用不同的形式存在，「好好告別」可以多寬慰人心，於是他決心投入這個領域學習。

後來，他有一位女學生，男朋友在國外被槍殺、在無預警的情況下離開了人世。

女學生難以接受，痛心有太多的話語來不及告訴男友，哭紅了眼向芮朝義求助，希望能再見男友一面。

芮朝義以女學生的朋友為媒介，搭建起溝通橋梁。

女學生與男友之間有一組彼此才知道的「密碼」，而對方能回答正確，且行為與動作都讓她感覺到「男友就在這裡」，順利開啟了後續的談話。

事後，女學生直向芮朝義道謝，她堅信經過這次的對談，男友將能放心地離去。

雖然通靈無法從科學上找到具體證據，整個過程仍屬於主觀的個人感受，但透過通靈的過程，芮朝義協助撫慰生者思念亡者的失落，目睹冥陽兩界的溝通，更為他的生命開啟了不同的視野。

「人生的生老病死循環一點都不是意外，可能只是時間和順序不在我們的預期之內。」體悟了這一點，他更加珍惜擁有的時間，努力做有意義的事，不讓人生白走一回。

踏上遺體修復之路

會踏上遺體修復的道路，正是這樣的起心動念。

對於學習永不放棄的芮朝義，在四十七歲那一年錄取空中大學「生活科學系」。

有一次我到他們學校代課，主要分享「遺體處理與美容」的實務經驗。

「因為楊法醫是空大教科書《遺體處理與美容》的作者，所以那堂課我上得格外認真，也因此產生了很大的興趣。」芮朝義說。

下課後他主動找我聊天，在我的鼓勵下加入了「ＣＲＴ教育訓練團隊」，開啟遺體修復的實戰與學習，致力於替死者恢復生前美好的面容。

二〇一二年，弘光科技大學張姓女學生發生車禍，身體被捲入車下，十九歲的青春年華突然提早謝幕。

家人趕赴現場，見到的是一張破碎難辨的臉，只能從衣服、機車、背包、斷裂的手鐲確認愛女身分。

「我想重現女兒生前陽光亮麗的模樣！」死者父親懇求「ＣＲＴ教育訓練團隊」，希望能恢復女兒的容貌。

芮朝義與修復團隊開始了長達十多個小時的修復手術，因女學生頭部完全碎裂，團隊小心翼翼切開頭皮，再小心翼翼取出臉骨、下顎、鼻骨等骨頭，此時祂的臉部僅剩下一張皮，但仍看得出皮膚上有撕裂傷。

接著團隊從內部開始縫補，因頭部已變形，於是放入特製的人工骨頭作為整張臉的支架，並以細針一針一線慢慢縫補，最後再進行化妝。

團隊原本依照家屬提供的照片上妝，卻被認為太過濃豔。後來熬夜重新上妝，改以淡妝呈現出學生充滿朝氣的清純氣質，這才讓家屬感到欣慰，並且做好「送女兒上路」的心理準備。

對芮朝義來說，「悲傷撫慰」是殯葬過程中很重要的一環，藉由遺體修復，能讓家屬再見死者美好的面容，也彌平心中部分的遺憾。

將生死關懷導入殯葬業

國外的殯葬服務不僅協助家屬處理亡者後事，也常會有心理師或諮商師加入團隊，主要目的為安撫家屬、平緩家屬的悲傷。然而在台灣，對於家屬的心靈關懷則相對較為缺乏。

有的人高齡逝世、壽終正寢，但也有人壯年、或甚至未滿周歲即面臨死亡。每個家庭面對親屬死亡，都有不同的故事。

芮朝義將生死關懷導入殯葬系統中，重視親屬的哀傷，關心他們難過的感受。他所扮演的角色就如同心理師般，細膩撫慰家屬的心靈。

「哀傷是每個人都會有的情緒反應，可能是因為親屬過世、發生意外，或罹患疾病等，讓原本的生活產生了重大的改變。只是，並非每個人都懂得怎麼排解悲傷，這會導致生者的生活整個變調。」芮朝義說。

就像台灣早期傳統喪葬場合常見的「孝女白琴」之所以存在，就是因為台灣人情感較為內斂，就算父母親離世，表面上也會忍住過於悲傷的情緒，只好透過孝女白琴帶領、引導著大家哭泣，才能把不捨的心情與哀傷的情緒宣洩出來。

芮朝義表示，面對親人的死亡，無論時間過多久，悲傷都難以恢復，但這種情緒是可以透過生命關懷的方式與人和平相處的，讓被關懷者願意正視自己碎裂的心，逐漸緩慢地修復心靈。

新竹有一名阿嬤因年輕時喪夫，一肩扛起家中經濟。清晨就到海邊挖蛤蜊，再拿到菜市場販售，下午則在田裡種菜。收入雖然微薄，但對於孩子的關懷與照顧相當用心。

阿嬤八十二歲逝世，子孫有五十八人，後輩很感謝她一生的奉獻，在追思會中以「宛如親在」的方式，放了不少阿嬤生前的物品、愛吃的美食，子孫也承諾，會傳承阿嬤「努力不懈」的人生態度，讓她安詳地離世。

透過這樣的追思會，準備亡者生前喜愛的東西或食物等，讓家屬表達心意，就可以藉由情感連結達到安慰與祝福的效果。

辦喪事最重要的一環，便是「建立家屬與往生親人的情感連結」。

感情好的家族較少遇到問題，但假如是情感複雜、愛恨交錯或不睦的家族，辦理喪事時，就得為他們找到亡者與家人之間的情感連結，才能讓所有的儀式功德圓滿。

看盡無數告別生命的哀傷情節，芮朝義體會到，要以「心」服務亡者與家屬，更要及時多愛家人和朋友。

花心老父圓滿告別人生

除了服務亡者和生者，芮朝義也曾幫助不少走向生命終點的人，為他們畫下圓滿的句點。

多年前，一名七十二歲的老先生因罹患喉癌末期，已轉至安寧病房。他躺在床上，無法言語，隨時得戴著呼吸器。

這位老先生在年輕時感情豐富，先後娶了兩位太太，與大老婆生有三女二男，二老婆則有一男一女，最後都以分離收場。

他年輕時對家庭與孩子的陪伴與照顧較少，也讓前妻們與子女對他心有怨恨。但因血緣之親難以斬斷，彼此的情感中有愛也有恨，使人百感交集。

在生命的最後階段，他因為未盡照顧子女義務而感到後悔，子女們雖然到病房陪伴、照料老先生，但心中也不免懷著複雜的情緒。

芮朝義勸說家屬，也分享了自己的人生觀。

「無論與父母的緣分深或淺，都應該好好珍惜，不然最後會有遺憾。」

他的誠心逐漸打動老先生的子女們，也使他們願意善盡孝心，把握這最後的陪伴機會。

除此之外，老先生還有一個「不敢說的願望」。

他有一位六十多歲的女友，最後的願望是想再見女友一面，向她說聲抱歉，但礙於子女們的觀感而遲遲不敢提出。

後來，他鼓起勇氣，試著以紙條向子女們表達「想見女友最後一面」的心願。起初子女們不願接受也不予理會，芮朝義再次從中修補親子關係，幫助家屬理解老先生的心情。

最後，子女們決定「放下」，讓老先生與女友團聚，生命終無罣礙。

芮朝義投入殯葬業多年，常見到許多家屬在亡者生前未能好好照顧與陪伴，等到臨終前一刻才到病房見上最後一面、嚎啕大哭，極後悔未能把握相處的時光。

他感慨不已，不願再看到有家屬因此後悔。

「透過彼此『原諒』，才能讓自己的心靈得到解脫！」他說。

撫慰悲傷後，才能向前走

從透過命理玄學去剖析人生的易經權威，到為亡者修補容顏、進行悲傷輔導的殯葬界心理師，芮朝義的目標是希望活下來的人能繼續向前看。

「與親人和解，也是一種心境上的轉變，讓自己能用新的角度面對未來，走出悲傷、建構自我生命意義。」

這條悲傷輔導的道路要走到何時才是終點？芮朝義笑著說：「活著的每一天，都會繼續走下去！」

【人物介紹】

遇見芮朝義是在中興大學的講堂上。當時受邀到空中大學演講，老師及同學們希望我能分享實際案例。原以為圖片過於驚悚，沒想到竟意外地受歡迎。下課後，不少學生圍著我提問，芮朝義便是其中一位。他特別愛問繁瑣且難答的問題，因為已過用餐時間，只好提議一起到校園內的摩斯漢堡用餐，沒想到一群人真的跟了上來。一個小時後，眾人陸續離去，他卻興致勃勃地繼續提問，就這樣，兩個老男人聊了三個多小時。

離開時問他要不要搭順風車？他卻指著旁邊的腳踏車說：「我有騎車來。」竟是一台資深淑女車，後座還坎著兒童座椅。「您用它來載小孩嗎？」我好奇地問。「老師，我還單身啦！就算有孩子應該也坐不了。」他笑著說。原來，這是他母親和他從前的兜風車，母親病逝後也捨不得丟掉，因為它充滿著對母親的思念。

看著他一路從專科、插大到碩士班，最後還當上了大學講師。因為文筆好，組織能力又強，很自然成為了CRT的一員。不管是二〇一〇年起的亞洲殯葬年會，或是進軍海外市場，他總能精準地提出方向與對策。表面上我們以師徒相稱，但私底下卻是無話不談的朋友。有人認為他對殯葬事業只是一時興起，他卻像個傳教士，一步一腳印地宣揚著理念。曾經，他在摩斯漢堡對我說：「老師，我想把悲傷撫慰融入殯葬業中。」這幾年他真的做到了！

乘風破浪的改革先鋒

受訪人：譚維信／國立空中大學殯葬設施學科召集人／前新竹市殯葬管理所所長

無懼，自恐懼中破繭而出

譚維信對死亡的體悟，不是因為工作上看盡一次次的告別，而是早年那兩場最接近死亡的際遇。

「第一次面臨死亡，很害怕。」

民國六十三年前後，譚維信還在跑油輪時瀕臨死劫，一場突如其來的颶風鬧得萬里無雲的阿拉伯港灣翻天覆地，他所在的三十三萬噸、二十二層樓超級油輪正靠港加油。

颶風襲捲，船上的纜繩全部斷裂，鋼纜隨風來回拍打夾板，磨擦出大量火花。油輪在裝油，稍微碰火就會爆炸，且碼頭囤積大量的油。

死劫步步逼近，火花晃啊晃，就像死亡的喪鐘一次次敲響。

「那時每個人都嚇到腿軟，逃也逃不掉，甲板都冒火了。」岸邊的拖船趕緊將超級油輪拖走、把纜繩扯斷，才阻止了這場災難。

瀕死的感受，譚維信深深烙在心中，刺鼻的汽油味、劈啪作響的火花，也讓他感受到人類的渺小。

「我那時候想，哇！人這麼脆弱，好好的阿拉伯，天氣那麼好，突然一陣風，船就發生火災了。」

只可惜，老天爺淬鍊心智的遊戲並不因人類獻出恐懼而停止，逃過這場死劫，下一場劫難又悄悄籌備。

「如果慢一天回來，走的就是我。」

民國六十五年某天，譚維信滿載歸心似箭的心情，由南非開普頓搭乘直升機準備回台。

一踏上台灣陸地，他立即接到噩耗，兩艘姊妹船在開普頓外海因互相打招呼，吸引力太強撞在一塊、發生船難，船身著火，死傷十幾人。

前腳剛走，隨刻風雲變色，雖然自己很幸運沒有親歷劫難，這件事卻也重擊了他的心。

看著新聞報導死傷名單，同事的名字一一亮在螢光幕上，他再次感受生命的無常。

「從那時候開始，我對死亡就不大害怕。」

譚維信的無懼，是從對死亡的恐懼中破繭而出的。

讓悲傷沐浴在陽光之中

譚維信是前新竹市殯儀管理所所長，也是殯葬改革的先鋒，為台灣殯葬領域貢獻良多。他行事看似以理性、效率為導向，但敏銳的特質與對生死學的研究，也令他保有人文思維，不斷在陳舊的殯葬法規制度中力求創新，致力於消弭人們對死亡的恐懼，使其接受生命的轉換。

他一手參與規劃、興建的新竹市殯儀館新館與火化場，皆不以其法規名稱為名，而是起名為「生命紀念園區」、「追思園」和「羽化館」。

「羽化館」如此仙氣的命名，隱含著他面對死亡的哲學：「我認為人的生命到最後就是化掉，概念來自蝴蝶，從蛹破繭而出，變得更美了。死亡經過殯儀的程序，全部轉化到另一個空間，最後就是歸元，回到另一種生。」

另外，他也將火化場大廳空間區分成八個部分，設置時光隧道，讓家屬擁有私人空間與摯愛道別。

館舍落地窗圍繞，陽光充盈室內各處，誦經聲不絕於耳，卻沒有死亡帶來的晦暗潮濕。每寸悲傷都沐浴在陽光之中，平靜而不恐懼，只有思念成煙裊裊上升，引領亡者走向重生，讓告別如一場被自然包圍的生命禮讚。

譚維信總是思考著，如何突破僵化的行政束縛，讓殯葬設施、殯葬管理在講求效率的同時，也能夠更便民、更有溫度。

無法作主父親喪禮，成為殯葬改革的伏筆

「葬儀社說，不要排場就是不孝順。」

民國七十幾年，譚維信為父親辦後事，第一次處理喪事毫無頭緒，電子花車、罐頭座，大陣仗陣頭喧鬧喪禮，宛如一則絢爛卻俗氣的詔告，告訴親友父親走得好風光、子孫都很孝順。

當時新竹市老舊簡陋的殯儀館只有一個禮廳，冰存大體的冷凍櫃也沒有冷凍功能、只能冷藏，大體很快就飄出屍臭味。

「一個那麼大的城市，殯儀館禮廳大家還要搶著用，而且禮廳真的很陰暗。」

告別式後，葬儀社還騙譚家花五十萬買土地築墳。

「那時就傻傻地用土葬處理，每次掃墓都要走到一堆墳墓裡去，對土葬印象不是很好。」

無知讓譚維信變成肥羊、任由宰割，沒法自己作主，無以名狀的怨氣，也埋下日後進行殯葬改革的伏筆。

民國八十年，譚維信在新竹社會科處理勞工業務，剛好新竹殯儀館管理員退休、空出職

缺，就從社會科找人手。

「裡面都是女生，沒人要去，只有我一個男生，我只好去了。」

到殯儀館工作頭一年他苦不堪言，素質低劣的殯葬業者每晚開著電子花車進來館內充電，夜晚充斥法會的哭喊與搖鈴聲。

日子雖苦，但譚維信仍細心勘查管理，當時僅有兩間水泥造的小禮廳，不敷民眾使用，且法醫沒空間驗屍，只能移至戶外暴露遺體。

於是，他向市政府爭取二十萬進行增建。

「後來我蓋了三間鐵皮屋當禮廳，再蓋兩間小鐵皮屋，供驗屍和洗穿入殮。」

除了館舍的管理，殯葬業者也是譚維信非常困擾的難題。

「我一直想著要怎樣跟他們共生。」

以前的殯葬業者幾乎由地方幫派把持，他們與管理員關係微妙。

為了生存，管理員忍受殯葬業者的蠻橫卡油，而殯葬業者也會適度給予甜頭，帶著管理員到處吃吃喝喝。

兩者互利共生，維持惡的平衡。

然而，譚維信不願同流合汙。

曾有殯葬業者看不慣他規矩一堆，帶人踢館嗆聲：「你知道我們做這行的都不怕死。」而譚維信也面不改色、不怒而威地回應：「你們這心態不對，你們只是不怕死人，並不代表不怕死。你們為了生活，這麼辛苦的工作都在做，代表你們很想活下去、代表你們怕死。」

鬧事的殯葬業者驚覺，這位新的管理員「很硬」，不懼恫嚇，只能乖乖遵守規矩。

改革先鋒與談判高手

「台灣的殯葬設施不足，政府為什麼沒有能力處理？」

譚維信深刻感受設施不足如何減損喪禮的質量。

過去因為土葬空間不足，濫葬情形嚴重，政府開始重視殯儀館、火化場的功能，於是修法訂定殯葬管理條例。

民國八十九年，譚維信受邀參加殯葬條例制定，針對大小禮廳增設規劃、靈堂設立等，給出相當實際的建議。

不過，他對於最終的條例仍頗有微詞：「殯葬設施成了鄰避設施，要離學校住家一定距離才行，這不但會使設施不能普及，還會加深民眾對它們的嫌惡感。」

爾後，新竹最古老的火化場遷址，果真掀起不小風波。

「只能面對居民，被罵貪官、被砸雞蛋啊！」

譚維信是當時火化場遷址的負責人，得在第一線處理居民的抗議和排山倒海的負面輿論，連剛上任的市長也想阻止火化場的興建。

但是為了公共利益，他頂下所有的壓力。

「新竹市沒有火化場，以後大家要到哪裡火化？」

譚維信每天晚上挨家挨戶地進行溝通：「我說我要蓋在這邊，居民說不行，那我就後退一點。如果他們還是嫌太近，就再增加工程費用、退到更後面一點。我不會那麼沒人性，建在住家前面啦！」

不過，他的退讓並不是盲目的，反而「退」就是計畫中的一環，以退作為誠意，讓居民甘願妥協。

他笑道：「兩個人吵架，一定要有人退後，有退才有再談的機會啊！」

最終，新竹火化場順利遷址興建，完美達成任務。

譚維信高超的談判技巧，還順利清理了清大與交大後門的亂葬崗。

利用人們對掃墓的恐懼，再加上補償金，使所有墓主全都自願遷入全新的納骨塔，還地於校，也整頓市容。

他先天具有創新的特質，在為民服務上屢有新措施，這也使他榮獲第七屆行政院為民服務品質獎第一名，是全國殯葬管理機關第一個得獎者。

透亮的白髮，熾熱的心

「有個議員想要求特權，希望我幫他保留好位子，我說不行、做不到。」

即使在殯葬領域已有一定的貢獻、為人敬重，但譚維信心中的那把尺一直都在。

「他說要到議會修理我，我說那我退休不幹了。反正新竹的殯葬設施及管理已經很完善，沒有我發揮的餘地了。」

沒等到六十五歲退休年紀，六十二歲那年他擇善固執，急流勇退。

退休後他也沒閒著，開始承接殯葬設施評鑑工作，並且擔任殯葬相關團體顧問，去年才完成一本空大教科書《殯葬設施》。他以自身產官學的豐厚經驗提供意見，致力於提升殯葬業的品質。

「我現在的重心是推廣環保自然葬。」

談到新的項目，譚維信像孩子拿到心愛的玩具般眼睛直發亮，從厭惡殯葬環境到努力改革創新，年過七十的他仍不歇息。

「因為殯葬是很老舊的單位，只要敢於改變，馬上就會有成就感，那就是為什麼我能在這個領域做那麼久。」他笑著說。

他熱心地一頁頁翻開資料，滔滔不絕地分享如何將新科技運用於環保自然葬，從身體每個細胞散發出來的熱忱，讓人忘記他已是頭髮斑白、有兩個可愛孫子的爺爺。

從前的他只要頭髮一白，就會進髮廊染個烏黑，以掩蓋繁忙公務消磨身心的證據。如今，髮絲白得透亮，他反而悠然自得，只專注於眼下的工作。

問他還染髮嗎？譚維信揮揮手，露出恬然的微笑說：「不染了，要接受這個事實，白髮充滿智慧，更受人尊重啊！」

【人物介紹】

擔任法醫後曾參與兩次空難事件的處理，一九九八年一架國華航空班機從新竹機場起飛，兩分鐘便不幸墜落在新竹外海六海里處，我被指派到新竹殯儀館待命。當時舊館環境老舊昏暗、驗屍場所克難，為應付大量屍體，請館方挪用禮廳，以方便檢方驗屍及做筆錄。幽暗的靈堂內，有位大叔正忙著擺設桌椅、架設燈光，本以為是工友，經旁人介紹才知是殯儀館的館長譚維信，我對他的親力親為留下深刻的好印象！

隨著去館次數逐漸增多，兩人慢慢也就熟悉起來，有次看到他桌上有幾本「臨終關懷」刊物，好奇詢問之下，得知他正就讀「生死學研究所」。後來他鼓勵我到南華大學進修，並建議可先到台中上學分班，再趁著工作餘暇進修碩士。還帶我到學校上課，並推薦幾位老師給我，我在他的引領下涉足到殯葬領域裡。

寫這本書，構思專訪對象時，我腦海中浮現的第一人選就是他，因為他我才從醫學轉攻人文，也因此能趕上殯葬改革的年代，很巧妙地與殯葬結緣。榮退後的譚維信依然活耀在殯葬改革的舞台，我從他身上領悟到「心有多寬廣，舞台就有多大！」。

養生又送死的悲傷輔導師

受訪人：黃兆欣／白業草堂整體保養調理中心負責人／玄奘大學兼任講師

回到生命最初的美好

集青草藥學、推拿師、大學講師、遺體修復員等多重角色於一身，黃兆欣在殯葬業是另類的存在。

用他的話形容：「養生又送死，最大的問題是時間不夠用。」

黃兆欣解釋，「養生」、「送死」皆是人生大事，是老祖宗千年智慧的積累。他運用中醫經絡學，以推拿整復手法幫人「養生」，因為一旦身體承載太多，就必須透過一些方法疏通氣血，不論藉由自力還是外力。

那「送死」呢？於宗教系任教的他認為，「視死如生」是對逝者最大的敬意，此外，也不能忽略家屬的身心狀態。他將推拿技巧用於舒緩家屬悲傷，藉由按摩穴道放鬆緊繃的身心，使其思緒趨於平靜。

若人終將一死，如何好好走完最後一段路？他期許自己，在有生之年傳承學識，令人活得自在，死亦安然。

黃兆欣於二〇一三年加入「CRT教育訓練團隊」，當時他正就讀玄奘大學宗教與文化學系研究所。

有回，一名未成年少女因乘坐的轎車與砂石車對撞而身亡，泥漿傾數灌入車體，導致肢體多處挫傷、擠壓變形，遺體急需修復。

雪上加霜的是，女孩單親，家中不富裕，即便同學們自告奮勇集資想幫忙，仍湊不齊修復費用。

CRT教育訓練團隊成員得知後，主動無償幫忙，那是黃兆欣參與的第一個案子。他回憶，初次目睹支離破碎的畫面，心中無懼、只有惋惜。

女孩年紀輕輕就離世，自己也為人父母，看著眼前稚氣未脫的臉龐，心裡滿是不捨。

團隊修復完畢，並畫上修飾氣色的妝容後，女孩的媽媽非常感動，主動提出想請團隊為女兒、她和弟弟拍攝一家三口最後的合影，並與團隊成員合照留念，以表感謝。

「盡可能修復儀容，直到接近生前完美的模樣，不但是對亡者有所交代，對生者更是最大的慰藉。這也是悲傷輔導的一部分。」黃兆欣與有榮焉地說。

看到家屬一展愁眉，他也露出欣慰的表情。

團隊裡的骨骼專家

通常，遺體修復的流程分為：遺體清潔、屍傷分類、重整及固定骨架、肌膚清創、縫合與定位、著裝，最後才是妝髮修飾。

身為資深的推拿師傅，黃兆欣對人體骨骼瞭若指掌，在修復團隊常扮演固定骨架、調整骨骼角度的角色。

去年，陸軍航特部６０１旅戰搜直升機墜毀，兩名飛官不幸殉職。黃兆欣聞訊，隨即放下手邊工作趕往支援。

憶及當時，他語帶不忍地描述：「損傷比想像中嚴重，遺體被高溫燒燙，皮膚緊縮皺結，高空墜落導致龍骨斷裂、身軀變形，如何把骨架拉回正常的角度，儘量接近原來的組合，成為一大挑戰。」

這次的修復工程浩大，團隊從白天到晚上，一連花了數日才完成。

救人如火急，平時繁忙的黃兆欣就算完成手頭上的工作也不閒著，一肩挑起體力活，包含抬屍、洗刷清潔等，甚至跑腿買咖啡。

他形容，遺體修復就像解題，每回都是嶄新挑戰，大家要齊心找出對策。

情況棘手時，他也曾常冷汗直流地說：「天啊，這個情況要從哪裡下手？」

過去的經驗可以累積，卻不能完全複製，不過，初心始終如一，這點他很肯定。

冷門專長，苦學二十年熬出頭

平時，黃兆欣的主業是推拿師，年過半百的他健談爽朗，笑容擠出眼角深邃的魚尾紋，與人拉近幾分距離。

他開設於新竹的整復會館，除了有工程師常客，也不乏殯葬業者光顧，想來舒緩工作累積的大小痠痛。

他解釋，殯葬人經常熬夜、隨時待命，眼痠頭暈或喉嚨沙啞時，他會建議按壓耳峰正上方的三焦經「角孫穴」及其上方的「膽經」通路，只要三十秒，人就會瞬間清醒，雙眼炯炯有神。

針對悲傷過度的家屬，黃兆欣也有一套解方。《黃帝內經》記載：「怒傷肝、喜傷心、思傷脾、憂傷肺、恐傷腎。」從中醫觀點，過度悲傷傷肺，由於整個人垂頭喪氣，五臟六腑擠壓成一團，胃往上頂到橫膈膜，橫膈膜再向上擠壓肺部胸廓，肺無法充分呼吸擴張，就會換氣不足。

此時，他會先疏通「任」脈，找到身體正面中軸線，也就是自下巴「承漿穴」到「會陰穴」連成的直線，雙手掌輕壓受術者兩邊胸下肋骨，使其重複多次深呼吸，由上而下讓橫膈膜、脾胃依次歸位，呼吸自然回復順暢。

不論推拿或殯葬，兩者都很冷門，生活中充斥著刻板印象。

然而近十年，養生居然變成顯學，殯葬業則是出名的高收入職業，這是黃兆欣自己也始料未及的。

他出生於書香世家，爺爺與父親皆為書畫家，在當代詩、書、畫自成一格，本也想繼承父志當個藝術家，卻被父親潑冷水：「你等著以後餓肚子！」

印象中那個溫和的母親，自他出生後為了照顧兄弟倆而毅然辭職，兼做家庭代工，柔弱的肩膀挑起家庭重擔。

小小年紀的黃兆欣見狀，告訴自己，光有浪漫不能溫飽，一技之長才是出路。

半工半讀完成學業，退伍前夕，母親積勞成疾的身體竟然病倒了。

那一天，主治醫師宣判治療無望，可以回家準備辦後事時，他晴天霹靂，胸口一陣酸楚湧上心頭，多年不曾哭過的他，躲在廁所掩嘴嚎啕大哭。

所幸，恩師陳聰明先生與父親交情甚篤，常來家裡討論書畫，並幫母親舒緩調理，在最終那段安寧時光大幅減輕母親的疼痛感，不僅食慾好轉，睡眠品質也改善了。

由於家人曾受惠於推拿調理，讓黃兆欣暗自許下心願：「將來定竭盡所能助人離苦。」他因此拜師學習內科推拿及傷骨處理，苦學多年後，又進入國立中國醫藥研究所（現為衛生福利部國家中醫藥研究所）補足學術知識。

不惑之年，從推拿跨入殯葬領域

當時，四十歲的黃兆欣已結婚成家，在太太及丈人的鼓勵下重拾課本。他先受教於中醫藥物學權威陳介甫先生，埋下青草藥研究的種子，日後更接任青草藥製造職業工會理事長。

之後學涯急轉彎，他帶著好奇心報考「全台第一間殯葬專業系所」仁德醫專生命關懷事業科，後又插班考上玄奘大學生命禮儀學位學程、接續升上宗教與文化學系研究所，而今工作之餘，也在大專院校兼課。

不惑之年重返校園，相較於其他年輕快一輪的同學，這位大叔級學生悠然自得。他回憶，從小全家共同的嗜好就是看書，養成他喜歡探索知識、追根究柢的習慣。回想專科時期，別人假日休假，他全家一早就收拾出門，太太帶著兩個稚子到校園裡陪讀，雖然家庭、事業與學業三頭燒，忙到不行，黃兆欣卻甘之如飴。

殯葬改革教育，引導獨立思考

眾多「斜槓」身分中，黃兆欣特別看重教職。「殯葬要改革，教育是重要的一環。」平時和藹的他，一站上講台便換了面孔，嚴肅而認真。

除了輔導學生考取殯葬丙、乙級專業證照，確保專業技能在身，課堂上他也常拋出各種問題，要求學生思考。

傳統與現代化的殯葬禮儀，是否有其存在必要？又該怎麼盡善盡美？

例如，近年流行樹葬、花葬等「環保自然葬法」，回歸塵土聽來自然，但是真環保嗎？

黃兆欣認為，未必像徐志摩詩句裡「我揮一揮衣袖，不帶走一片雲彩」般灑脫。

試想，骨骼難以被土壤分解，否則為何數千萬年後，仍能挖掘出恐龍化石？自然葬會限定區域，隨著落葬人數越多，無法分解的物質密度就越高，生態環境改變，草木如何自在生長？如此還「環保」嗎？

但這個問題能不能解決、怎麼做？他引導學子在觀察、思考、辯證中找答案。

「否則，大學畢業能從事殯葬工作，國中畢業也未嘗不可，多讀數年書的意義何在？」

黃兆欣忍不住嘀咕，近年常遇到學生誤信媒體的渲染、認為殯葬業享「高薪福利」而來，只想學習禮儀技能，對背後的文化底蘊漠然。

他語帶犀利地說，禮儀師工作時西裝革履，家屬一問卻三不知，豈不是虛有其表？從業人員不盡瞭解殯葬千年文化如何演變、喪葬禮俗由來為何，怎麼協助家屬定下心來治喪，化悲傷為祝福？

黃兆欣的工作室裡堆滿書籍，他酷愛閱讀，談吐中學問信手拈來。無需教課也沒有客人時，他會翻閱書籍找資料，不斷充實自我。

「上天對每個人都公平，一天都只有二十四小時。」

畢竟，在殯葬現場、在推拿工作中，來往客人各有所求皆是苦，擔憂或懼怕都是多餘的，認真活著就無憾了。

【人物介紹】

我教遺體修復多年，總與「死亡」打交道，如果說，在我的朋友中，有哪些人包辦生死的？我想就是黃兆欣了吧。

他年輕時拜師學習整復推拿，學成後「下山」，在新竹當整骨師傅，頭兩年以「接骨」維生，專治民眾跌打損傷。直到二〇〇九年仁德醫專成立「生命關懷事業科」，是全台首創、唯一以培育殯葬人才為主的科系，我恰好有幸參與籌備、並受聘任教於此，而黃兆欣在他中醫研究所師資班同學的推薦下，報名就讀此系，我們於焉相識。

或許是職業之故，在我教授的公共衛生、解剖學、遺體處理與美容等課程中，黃兆欣對解剖學特別感興趣，常常在課後來跟我切磋請教，爾後更成為我團隊的一員。

因緣際會下跨入殯葬業，卻一路從專科讀到研究所，他說：「知其然，更要知其所以然。」這愛鑽研學問的個性，很適合當老師。他研究所快畢業時，我試探性地問，有沒有興趣幫大學生上基礎課程？沒想到，他欣然答應，為殯葬教學又納入一名跨界人才。

平日裡朋友們聚會，黃兆欣總愛帶太太來，他很悶騷，話不多，常常由老婆代為發言，我還忍不住虧他「驚某大丈夫」，其實相當高興他們夫妻感情甚篤。私下我也很感謝他，我因長期工作姿勢不良，飽受椎間盤突出所苦，時不時要去找他「喬」一下。說也神奇，他熟悉人體經絡與導引術，手法高明，是我們大家的痠痛救星。

手機裡都是屍體照片的特別女孩

受訪人：林宥亦／淇順人生事業有限公司執案經理／CRT教育訓練團隊修復師

無法安定的靈魂

「溫順乖巧」、「按步就班」這幾個形容詞，從來都和林宥亦扯不上關係。因為有個失職的父親，從小她就隨著媽媽回到故鄉宜蘭生活。

遠離大城市，在奔放、天然的環境下成長，林宥亦對事事都有著強烈的好奇心，天不怕地不怕，什麼都想嘗試摸索，在她身上看不到膽怯畏懼。

從服裝設計、會計到採購人員，她曾經一年換五份工作。沒想到，最後在殯葬業找到人生最終的志業。

三十歲那年，她自覺該定下來了，於是到一間連鎖餐廳當會計，一下子就過了七個年頭，和螢幕上的報表單據朝夕相處，身旁就是少了個伴，讓周遭親友忍不住心急，忙著為她物色對象。

「他要我問妳，他是做殯葬業的，妳能不能接受？」朋友介紹相親對象周明鴻給林宥亦認識時，男方主動請介紹人轉達這句話，以免浪費彼此時間。

有別於其他女孩的顧忌，林宥亦很霸氣地回應：「我這個人從小天不怕、地不怕，只怕老鼠和蜘蛛。殯葬業，也沒什麼大不了的啦！」

過了一陣子，林宥亦發現周明鴻的生活作息很奇怪，老是深夜才傳訊息給她。常常打電話過去，不是沒接就是轉至語音信箱。

後來才知道男友的工作是「接體員」及告別會場人員，與一般人的工作型態大不相同。因為喪事發生的時間無法預料，周明鴻需要全天候待命，沒接電話也是怕打擾車上的家屬。

他的敬業和認真，讓林宥亦更加佩服了。

熱戀七個月後，兩人立即登記結婚。

婚後，林宥亦還是繼續當會計，工作依舊單調且忙碌，枕邊人充滿神祕色彩的工作，反倒掀起了隱藏於心中、不斷尋求不同可能性的好奇心。

萬千情緒交雜的接體初體驗

有一次，周明鴻要開車去東部接一位往生者回台北，林宥亦鼓起勇氣說：「我可以跟你一起去花蓮嗎？」周明鴻要她換上黑色套裝，同意帶她一起去。

他們一路往南，欣賞著東海岸壯闊的景色，好像開心地自駕出遊般。

但是當車子開進花蓮榮民總醫院的那一刻，周明鴻變得嚴肅起來，還提醒她：「妳進去什麼都不要想、什麼都不要講，什麼都不要問，只要幫我拍照做記錄就好。」

有別於去程的說說笑笑，接體的回程途中，車上唯一的聲音就是佛教的誦經音樂，氣氛異常地凝重，林宥亦害怕自己不懂而犯了忌諱，所以一路保持沉默。

車子總算駛入台北第二殯儀館的地下室，這是林宥亦首次來到太平間，說不出是害怕、興奮、好奇、還是恐慌，萬千情緒交雜在一起。

在現場等候多時的禮儀公司辦完手續以後，周明鴻便把遺體推入冰櫃中，這時的他又恢復往常的輕鬆模樣，開心地拉著林宥亦要去吃好料的。

這樣的落差讓林宥亦相當不解，為何這份工作會讓先生情緒起伏如此之大？

踏入這行以後她才真正明白，回程時周明鴻之所以板起嚴肅的面孔，是發自內心對死者及職業的一種尊重。

這次接體的初體驗，林宥亦完全沒看到什麼恐怖的畫面，反倒是讓心中那匹已經沉睡七年的野馬靈魂忽然甦醒，感覺這就是自己想做的事。

她開始要求老公讓她利用假期去當小跟班，協助處理接體的相關事宜。

接體員的工作除了開車之外，偶爾也會遇到要幫死者換衣服的情況。或許是身為女性的關係，林宥亦反而更受家屬們的歡迎。

由於曾經就讀服裝科系，換衣服她很快就上手了，慢慢的，也做起化妝及修復的工作。隨著經驗累積，她開始購置器材及設備，甚至與幾個技術不錯的伙伴組成了團隊。

臟器四露的大體修復工作

回想第一次參與大體修復，老師為了讓學員們先有心理準備，事先說明該名女性死者是從二十樓墜樓，因嚴重撞擊導致腦漿外溢、全身骨折。

當時，林宥亦腦海中立即出現電影《絕命終結站》的場景，血腥恐怖的畫面不斷播放著，好幾個晚上她重複做著相同的夢，幻想屍袋打開時自己昏倒的現場。

「各位，我要把屍袋打開囉！」

帶著既期待又怕受傷害的心理，林宥亦和其他學員跟著老師來到修復室，體諒初學者心情的老師，還貼心提醒可以站在離工作檯遠一點的地方。

初見遺體的當下，林宥亦心想：「這具屍體只不過是鼻塌嘴斜，根本沒有想像中那麼可怕啊！」

哪知道老師幫大體翻身時，先是聞到刺鼻的血腥味，接著又看到露出的肝臟、大腸、小腸、肺臟……在嗅覺和視覺的雙重打擊下，差一點就把剛才吃的午餐全部吐出來。

完成工作後，老師請大家吃晚餐，或許是殘存的畫面太過驚悚，學員們似乎沒什麼食慾。老師笑著說：「如果真想做這一行，首先就要認真吃飯，因為修復工作是很耗時耗力的。」

林宥亦覺得老師的話很有道理，也不知道為什麼，竟能把眼前食物吃個精光。

不夠勇敢的權利

林宥亦和先生一起從事接運大體的工作，形形色色的案子中，最讓人感慨萬分的，不是過程的辛苦，而是藏於人性背後的無奈和殘酷的真實。

有時候，死亡背後的推手，是被喘不過氣的愛一次次磨亮的利刃。

手。

林宥亦永遠記得，那次警方從命案現場打電話來請他們支援接運大體。這是一個燒炭自殺的死亡案例，因同時有兩具腫脹的大體，警方特別交待他們要加派人手。

男性死者是鄰里口中的孝子，為了照顧半癱瘓的老母親，選擇提早離開職場甚至終身未娶，卻不堪人生長期被母親綑綁住、看不見光亮，在身心俱疲之下選擇了燒炭自殺。

他原想一個人靜靜地離開，沒想到老舊房子隔間不夠緊密，導致一氧化碳從縫隙滲進母親房裡，最後兩人先後死亡，多日後才因惡臭被鄰居發現。

趕回家的小兒子見狀，難忍一次失去母親和大哥，悲痛地嚎啕大哭、自責不已：「都怪我在外打工賺錢，沒時間分攤照顧母親的責任，才會連累大哥走上絕路。」

家人彼此關愛，卻仍走上絕路，現場無不鼻酸。

每個看似不堪的死亡背後，都可能藏著許多故事，有不離不棄的愛情、有曾經風光最後卻潦倒孤獨的遺憾。

林宥亦曾受家屬委託，去打掃死去獨居老人的房子。一進屋內，馬上印入眼簾的，是牆上剝落的壁紙及發黑的壁癌，垃圾佔滿行走空間，包括用過的衛生紙、喝完的啤酒罐、雜亂的內衣褲等。窗台上，有乾掉的麻雀屍體，馬桶更是堵了滿滿的穢物，讓所有前來打掃的人都忍不住皺眉。

由於已經收了訂金，大夥只能咬著牙，花了足足三天才清理完畢。

本以為老人的生活條件不好，才會落得如此下場。沒想到，在打掃的過程中，找到了好幾張保單及幾十萬的存摺本。更在床鋪下發現一只舊皮箱，打開後裡面整齊堆疊著好幾套女裝。

老人的兒子無奈地表示：「父親原本是一位大學教授，由於晚年罹患精神分裂症，行為舉止不只怪異，還會到處撿拾物品，最後行為越來越誇張，搞得家人紛紛走避，才會留下他一人獨自生活。」

皮箱中那幾套女裝，是老人所珍藏的、妻子的遺物，可能是太思念對方，才一直小心保留著。

看過這麼多的亡者和生者，對於死亡，林宥亦有了不同的看法。能夠圓滿離世，是福報。但遇上自殺者，多數人都會責怪當事人不夠勇敢，應該再撐一下。

但有時她會想，也許自殺對當事人來講真是一種解脫，雖然一般認為自殺會帶給親友無可抹滅的痛苦，但畢竟我們不是當事人，死者遺眷或親友的痛苦會隨著時間慢慢沖淡，也許對彼此來說都是一種釋放。

撿到手機的人肯定嚇破膽

進入殯葬業後，林宥始終熱情滿滿、從不喊累，總是神采奕奕的，先生常用「變態」來形容她對工作的積極度。

林宥亦非常不好入眠，但只要睡著就很難吵醒她，唯一能叫醒她的通關密語就是：「要去接體了！」

只要聽到這幾個字，就像觸動機器開關般，讓她突然從床上彈起來。

更誇張的是，手機中除了兩隻狗寶貝之外，滿滿的幾乎都是屍體的照片。她不好意思地說：「哪天手機不小心掉了，撿到的人肯定會嚇破膽！」

正是這樣的熱情，讓她總想為亡者和家屬做更多。到達現場時，如果發現是墜樓案件，除了先安置好大體，她都會在周圍仔細巡視，深怕還有屍塊或遺物遺落在現場，讓死者無法完整、圓滿地離去。

男女的壽衣只有大、中、小三種規格，無法滿足不同人的體態。每當替往生者更衣時，她都會主動用針線將衣服修改得更合身，讓死者在瞻仰遺容時看起來更體面。

她曾經接到葬儀社焦急打來的電話，請她無論如何都要去接手遺體美容工作。原來，服務員技術不純熟，居然當著家屬的面，拿起手機邊看影片、邊學邊做，讓家屬面面相覷，不滿也像壓力鍋般炸開來。

甚至有遺體美容師竟然在修復大體時，只注射水就當作完成一切任務，類似狀況不勝枚舉！

除了積極投入、努力學習，林宥亦也希望能有國家級的認證系統來審核從業人員的水準，讓殯葬業的服務品質可以向上提升，價值更容易被看見。

在為亡者進行修復的同時，她也找到了自己的價值。

陪伴每位往生者走完人生最後一程的同時，似乎也是在將自己生命的缺憾一片一片地填滿。

圓滿他人，也圓滿了自己。

【人物介紹】

CRT教育訓練團隊雖然這幾年戰功彪炳，但是也無法逃脫成員年紀漸長、體力漸衰的命運。於是我們決定辦兩、三場培訓課程，從中培養有潛力的中生代接棒。林宥亦就是被挑選出來的一位，她不僅技術好、效率高，而且有著強烈的學習意願，透過幾次案件觀察，我們決定把她納入團隊，這也是十年來首次有新人加入。

林宥亦雖然表現不錯，但也是成員中被點評最多的。當下她雖然會不舒服，但每當想清楚後就會打電話來跟我討論，這也是她可愛的地方。

新冠肺炎疫情期間，林宥亦和老公每天必須處理染疫的大體，身心靈上都飽受極大壓力。問她會不會害怕，她說：「當然會，但更希望能夠幫忙無助的家屬，就算是不收費也無所謂。」在他們身上，我看到基層殯葬人為台灣的努力和付出。

為往生者「化」上最完美的句點

受訪人：翁綵霞／台北市殯葬管理處化妝師／CRT教育訓練團隊修復師

化妝室裡滾動的腳踝

一直到現在，翁綵霞都不敢看恐怖片。膽小的她，最怕看到靈異情節、鮮血噴射的畫面。如果不小心看到了，絕對惡夢連連。

這樣一個女孩，卻在台北市第二殯儀館化妝室，一待將近二十年。

為面容僵硬的往生者回復生前的微笑，讓因病痛折磨的遺體看起來紅潤健康，替無法闔眼的逝者閉上眼安息……。

她手上的化妝箱化的不是妝，而是一個又一個撫慰生者悲傷的魔法。

翁綵霞大學畢業後，原本要到會計事務所上班，但父母希望女兒能捧鐵飯碗，剛好台北殯葬處會計室有個職代缺。

「我想說好吧，這個職缺也是公職，之後再考試。」背負著父母的期望，她投靠阿姨、北上工作，開始了會計人生。

不久，殯葬處進行工友技工內部招考，主要工作內容為「洗、穿、化、殮」服務亡者，這個工作在民風保守的年代太過聳動，報考人數寥寥無幾。

「妳到化妝室工作的年收入，比你考上會計師的薪水都還要多！」長官說服翁綵霞報考。北漂青年最要緊的就是養活自己，她決定接受這個建議參加考試，最後也順利錄取。

考取後得先到化妝室實習三個月。

「剛入行從洗穿開始，這是體力活。要幫亡者穿衣，一定要抱、翻身，得負荷一個成人的重量，一天下來全身痠痛。」

翁綵霞身材纖細，除了克服恐懼之外，體能也是很大的考驗。

第一天上工，就是震撼教育。

「阿嬤我跟妳說，妳吸氣一下，這樣衣服才扣得上喔！」翁綵霞在阿嬤耳邊細語。她和前輩費勁頂住僵硬的大體，牽起冰冷的手穿過衣袖、扣上扣子，理好衣服皺褶。

「綵霞，把褲子的地方順一下，動作要快。」前輩催促著。

「喪事不過年」，年關是殯儀館最忙碌的時期，這位阿嬤處理完，後面還有十來具大體準備洗穿。

阿嬤因為意外過世，原以為只是為她換穿衣物，沒想到過程中藏著不少需要克服的難關。

「啊！」翁綵霞突然尖叫，驚恐到臉色發白，全身不住顫抖。

「怎麼了？」前輩已見怪不怪，手上的洗穿工作完全沒有停下。

「阿嬤的腳踝掉出來了，怎麼辦……」

原來，阿嬤有開放性傷口，但家屬沒有申請縫補，所以腳踝在洗穿過程中斷了，滾落在地上，翻了幾圈才停止，嚇壞翁綵霞。

前輩鎮定地回答：「撿回來啊！放回去，把襪子穿上就好。」

上工第一天就如此驚奇、震撼，膽子卻也因滾動的腳踝而爆發出來，翁綵霞日後處理大體，反倒再也不覺可怕。

她積極學習新知，抱持著開放的心態，像探險家般，在化妝室裡挖掘一個又一個珍貴的寶藏。

汗水和化妝品香味退去毛骨悚然的氛圍

「比如說穿衣服，大體手是彎的，假如退冰沒完全或萎縮，就要想辦法幫祂穿進去。洗穿上手後，再進階到化妝。化妝也不簡單，有時大體皮膚狀態不好，就要想方法讓妝容自然一點。」

充滿挑戰性的工作讓翁綵霞每天都過得很充實，很有成就感。

「那時候許多前輩都認為，一個公立大學畢業的年輕女孩，怎麼可能願意在化妝室工作？所以他們打賭，我實習結束後就會離開。」

沒想到，她跌破眾人眼鏡，完全愛上這份工作。

經歷「滾動腳踝」的震撼洗禮後，她再環視無數靜躺冰櫃的大體、亡者躺過的工作台，已然褪去毛骨悚然的氛圍。

這空間只剩付出體力後的汗水，與偶爾飄散在空氣中的化妝品香味。

她默默許下心願，願意以「靜心、盡力」的態度，為往生者化上屬於祂們最完美的句點。

生死並存的空間

台北市第二殯儀館的遺體冷藏區，四面牆面皆是冰櫃，完結的人生暫存在零下十度，等待前往下一個輪迴。

翁綵霞負責打開冰櫃的門，拉出或推入亡者，一雙手交織人間貪嗔癡，隨機上演。

「家屬如果要見亡者，只要申請，我們都會協助辦理，我遇過幾個很溫暖的家庭。」她的回憶帶著笑意。

這一天，往生者是家中長輩，爸爸媽媽帶著兩個女兒來看祂，和祂說說話。孩子們也把親手畫的圖攤開給祂看，一邊細數往事，留下滿載思念的淚水。

雖然天人永隔，但留給亡者的對話仍然窩心而溫暖。

然而，並非所有家庭都在愛中送別親人。

有好幾次，大體進館，殯議館人員要協助家屬走程序，但家屬卻為了宗教儀式、財產分配，直接在大體前吵架。

家家那本難念的經，常常在亡者面前血淋淋上演。死亡當前，人性的醜陋再無所遮掩。

除了貪念成仇，「愧疚悔恨」的複雜情緒也常在亡者將入冰櫃那一刻席捲而來。

翁綵霞記得，那一位面容蒼白憔悴、眼皮腫脹的中年女子，在大體進館時扶著牆緩步走在大體後方，看起來虛弱無力，彷彿輕輕一碰觸，整個人就會碎裂。

翁綵霞上前關心：「小姐，您還好嗎？」

女子刻意壓低音量，掩飾顫抖：「我身體不好、不舒服，好像快要昏倒。」

因為進館手續仍須辦妥，翁綵霞請她確認大體身分。

話才說一半，女子突然跌坐在地，歇斯底里地哭喊：「我不能接受……大家都要離開我……。」

原來，亡者是女子的弟弟，因為獨居，過世一段時間後才被發現，大體已明顯腐爛。

家人在短時間內相繼離世，加上弟弟走得突然且狀態不好，愧疚感襲來，成為壓垮她的最後一根稻草。

在翁綵霞的協助下，女子心情平復也順利辦妥手續。臨走前，她紅著眼說：「感謝妳的安慰陪伴，我看了那麼多心理醫生，都沒有妳有效，謝謝！」

這句謝謝，翁綵霞存放至今。

「雖然只是一個『推出來』的動作，卻可以看見每個家庭的故事。」

她珍惜為所有家庭尋求圓滿的可能性。

化出可以好好道別的遺容

能夠安詳離世，是福份。但許多往生者因為生前的病痛、意外衝擊，導致身體缺損，或是看起來憔悴不堪。

這樣的遺容，讓家屬更添哀傷不安，需要透過化妝、基礎縫補，還給祂們一張可以好好道別的容顏。

「劉素英老師是我的貴人，她教我很多化妝知識。」

劉素英是台北市第二殯儀館的化妝師，曾為許多知名人士妝點最後容顏。

翁綵霞洗穿上手後，鼓起勇氣詢問前輩能不能觀摩化妝技巧，劉素英豪爽允諾，手把手地帶翁綵霞從基礎做起。

「我從清潔開始做，慢慢進階到化妝，還有基礎縫補。」翁綵霞像海綿一樣快速吸收所學，在下班後額外進修彩妝相關課程，期望能提升專業技巧。

對她來說，替亡者整理遺容就像間接的悲傷輔導，讓活著的人看見摯愛能安詳地離去，是一股很強的撫慰力量。

化妝時，她除了考量大體狀況，也會以家屬的角度思考，怎樣的遺容最自然、讓家屬能夠最放心。

「年紀大的老人家，假牙拿掉了，我會用輔助工具讓他雙頰飽滿一點。太瘦了，眼睛凹進去或打開了，就想辦法讓眼皮完美閉合，盡量做到看起來像睡著一樣。」

翁綵霞的一筆一畫，都在修補家屬破碎的心。

她處理過最讓她心碎、每化一筆酸楚就湧上心頭的亡者，是當初北漂的避風港——小阿姨。

「她是胰臟癌走的，我光看照片就哭，每天眼睛都是腫的，她就像我媽媽一樣啊！」

接到小阿姨死訊後趕回嘉義，一看到她的遺容，翁綵霞難過得說不出話。

「為什麼小阿姨被化成老阿嬤？她明明才六十歲，生前也愛漂亮。」

幸好，自己擁有能夠派上用場「拯救」小阿姨的專長。

她堅持為小阿姨重新上妝，擦指甲油、化上自然妝補氣色，原本的老阿嬤回復成漂亮的小阿姨在眼前安睡著，所有溫暖的記憶瞬間湧入心頭，使她不禁潸然淚下。

牽起亡者的手，用幸福感圓滿彼此人生

單身的翁綵霞，總被父母關切，如果發生什麼事沒人照應怎麼辦？

她大笑地說：「我跟同事們講好了，如果連續兩、三天上班時間沒出現，又沒跟任何人聯絡，就要趕快來找我了。入殮完燒一燒，樹葬回歸自然就好。」

精實地規劃每一天、增進專業技能、適當理財、運動鍛鍊身體，腳踏實地的生活讓她並不覺得孤單。

「享受每一天就好，我會優雅地老去。」她說。

一直到現在，她依然是那個不敢看恐怖片的女孩。

然而，面對每張亡者的臉，卻感到充實且幸福。

「做這份工作還蠻快樂的，也許死亡本身並不是件快樂的事，但對我來說，用自己的專長幫助別人、做得心滿意足，就是很幸福的工作！」

即使從事遺體化妝師已將近二十年，翁綵霞的眼神仍散發出炙熱的光芒，就像剛入行發現寶藏時一樣。

在牽起每位亡者的手，洗穿、梳化的過程中，幸福感也圓滿了彼此的人生。

【人物介紹】

二十年前我就認識翁綵霞了。當時劉素英是台北殯儀館最有名的化妝師，我為了寫文章跑去找她，翁綵霞就是身旁的實習生。我覺得很好奇，長相甜美的社會新鮮人，頂著國立中興大學的學歷，為什麼要每天和屍體為伍？她總說：「死人比活人好相處。」後來，我常去殯議館辦培訓，她總是笑臉迎人，老師長、老師短地問候，熱情地幫我準備咖啡。

二〇二〇年劉素英老師正式退休，有一天翁綵霞特地跑來找我，希望我能教她修復的技術，讓她在化妝領域可以更上一層樓。我問她：「妳不是一直做得不錯嗎？」她說：「劉老師要我跟您好好學習，多多充實自己。」既然是劉姊的請託，我便收了這位學生，不管她過去的技術如何，對她的訓練都是從頭開始。我告訴她：「妳最缺少的是理論基礎，不可以一輩子做工匠，要開始學習當一位藝術家。」

這一年來，只要她有空，就會跟著我們做義務的修復案件。她的可塑性很高，也很願意幫忙，即便是請她幫忙抬屍體或是穿衣服等，她也樂此不疲。最近還跟我說，每次工作做完後，都會特地留下一兩個以前單位不做、有傷口的案子，來好好練習自己的技術，成效還不錯。我也很替她開心，我知道，她這輩子對這份工作應該是從一而終了，衷心希望她能有更好的技術成長。

結語

那些年，來不及說的故事

在一般認知上，法醫和殯葬是截然不同的領域。

大多時候，人們聽到我是法醫，一邊又從事遺體修復工作，總是會感到訝異不已。

在法醫的工作上，我處理的都是往生者，但也常常必須面對活生生的人，尤其是極度哀傷的家屬親友。

雖說生老病死是人生不可避免的關卡，但多數人幾乎都沒有準備好面對死亡，尤其至親驟逝，更是惶然失措。

每每在處理遺體的過程中，舉目皆是家屬悲慟與無助的眼神，這讓我經常思考，如何能使他們在哀傷無助中，找到希望與出口？

很幸運的，我身處在一個殯葬業發展風起雲湧的年代。

身為法醫，對遺體有一定的熟悉與專業，於是我跟著洪流，投入了殯葬改革的行列。

沒有想到，幾年後，我可以成為領航者。

十五年前，我集結幾位志同道合的夥伴一起推動殯葬改革，希望本著「仁義」為出發點，不以「盈利」為目的，無論是傳統產業、大集團或海外殯葬業，只要符合公平正義、需要協助，我都很樂意交流與分享經驗。

殯葬教育對我而言，不僅僅是興趣，更是回饋社會的使命。

如今，新冠肺炎疫情造成全球數百萬人死亡，我原本出國的規劃也因此中斷。在這個悲傷的時刻，我可以做些什麼呢？

我的前一本書《拼圖者的生命觀察》，是以法醫工作的角度撰寫。

我告訴自己，再寫一本書吧！以殯葬人的視角來闡述送行者的故事，希望能在絕望的氛圍中，為人們帶來愛與溫暖。

我找來二十三位殯葬人，從籌劃到完稿共花了十八個月，協調訪談時間地點、規劃內容、修改方向，都靠自己獨立完成。

但才寫了幾篇，就驚覺故事情節流於平淡，陷入了寸步難行的窘境，感謝幾位老師適時協助，方能使文章更加精彩並富有內涵。

也謝謝我的責編映潔，時常以出版的角度提供專業建議，這本書才得以順利成形，讀者們也能共享這些殯葬人的經驗與知識。

在寫每位人物的介紹時，心中不禁湧現與他們互動時的點點滴滴，讓人感慨萬千。時間在流逝的過程中，娓娓訴說著每個人曾經的足跡。

我要特別感謝齊衛東先生，是他將我們這些來自世界各地的「送行者」串連起來，也才有了現今的團隊和這本書的誕生。另外，衷心感謝親愛的家人及受訪的朋友，您們的「愛相隨」才讓我有勇氣堅持下去。

願將此書獻給所有關心、愛護這個領域的殯葬人，我在漫長的殯葬教育生涯中，見證了您們的不平凡！

二〇二一年六月十三日午夜

楊敏昇

楊敏昇

現任新竹地檢署法醫、CRT教育訓練團隊顧問，及玄奘大學／元培醫大兼任助理教授。出身自司法人員家庭，原本攻讀放射、醫檢領域，最後卻「不務正業」改拿解剖刀，協助法醫研究所和檢察署調查各類爭議案件死者的死因，甚至成立遺體修復團隊，替死者維持生前的美好面容；也因此，旁人總說他很「特別」，但他卻說自己只是個站在不同角度看生死的平凡大叔，但這一看，就看了20年。曾協助處理921大地震、國華航空空難、陸軍空騎旅空難等大事件，也是台灣殯葬改革推手之一。著有《遺體處理學》、《拼圖者的生命觀察》等書。

國家圖書館出版品預行編目資料

眼淚的重量：聽23位送行者說他們看到的人生故事／楊敏昇著. -- 初版. -- 臺北市：臺灣東販股份有限公司, 2020.08
256面；14.7×21公分
ISBN 978-626-304-788-4(平裝)

1.殯葬業 2.通俗作品

489.66　　110010855

眼淚的重量

聽 23 位送行者說他們看到的人生故事

2021 年 8 月 15 日初版第一刷發行
2021 年 9 月 1 日初版第二刷發行
作　　者　楊敏昇
採訪撰文　張念慈、王思穎、楊敏昇
編　　輯　陳映潔
封面設計　水青子
發 行 人　南部裕
發 行 所　台灣東販股份有限公司
<地址>台北市南京東路 4 段 130 號 2F-1
<電話>（02）2577-8878
<傳真>（02）2577-8896
<網址> http：//www.tohan.com.tw
郵撥帳號　1405049-4
法律顧問　蕭雄淋律師
總 經 銷　聯合發行股份有限公司
<電話>（02）2917-8022

TOHAN